看视频 零基础
学修电动机

● 曹振华 主编 ● 贺 静 孟宏杰 副主编

U0300893

化学工业出版社

·北京·

内 容 简 介

本书采用彩图注解形式，详细讲解了电动机的基础知识，电动机的绕组拆装、重绕与改制计算方法，单相异步电动机、三相异步电动机、串励电动机、直流电动机嵌线与维修技术，罩极式电动机及同步电机、发电机、直流变频电机原理及维修技术。书中详细讲解了几种典型电动机维修的全过程，同时配备了全程维修录像视频，读者可以通过扫描书中的二维码详细学习，从而快速掌握各种电机的原理与维修技术。

全书密切结合生产实际，列举了大量实例，具有实用性强、易于迅速掌握和运用的特点。本书适合初学者入门，也可供电气技术人员、电气工人、电动机维修人员、农村电工、电气爱好者阅读，还可作为再就业培训、职业院校与企业培训的教材。

图书在版编目（CIP）数据

看视频零基础学修电动机／曹振华主编；贺静，孟宏杰
副主编 ． —北京：化学工业出版社，2022.1
ISBN 978-7-122-40138-0

Ⅰ．①看…　Ⅱ．①曹…　②贺…　③孟…　　Ⅲ．①电
动机-维修　Ⅳ．①TM320.7

中国版本图书馆CIP数据核字（2021）第213838号

责任编辑：刘丽宏　　　　　　　　　　　　　文字编辑：李亚楠　陈小滔
责任校对：杜杏然　　　　　　　　　　　　　装帧设计：刘丽华

出版发行：化学工业出版社（北京市东城区青年湖南街13号　邮政编码100011）
印　　装：北京缤索印刷有限公司
787mm×1092mm　1/16　印张13　字数331千字　2022年8月北京第1版第1次印刷

购书咨询：010-64518888　　　　　　　　　售后服务：010-64518899
网　　址：http://www.cip.com.cn
凡购买本书，如有缺损质量问题，本社销售中心负责调换。

定　　价：69.80元

前言

电动机是一种把电能转换成机械能的设备，它广泛应用于工农业生产、国防建设、科学研究和日常生活等各个方面。为了能使初学者更快地掌握电动机维修方面的知识，特编写了本书。

本书从最基本的电动机修理基础知识讲起，讲解了电动机的绕组拆装、重绕与改制方法；结合维修实例，重点说明了单相异步电动机、三相异步电动机、串励电动机、直流电动机、罩极式电动机及同步电机、发电机、直流变频电机、伺服电机等各类型电动机的控制与维修技术。

全书内容具有如下特点：

① **全彩图解，内容全面**：帮助读者全面精通各类型电动机的基本控制技术与维修方法，不仅详细说明了各类型电动机的安装、检修、布线、嵌线、接线、浸渍等各项技能，而且采用彩色图解形式，直观分析了电动机的控制系统及维修要点。

② **注重实用，配套讲解视频资源**：结合维修实例，详细展示各种电动机维修的全过程，通过扫描书中二维码观看教学视频，读者可以快速解决维修难题。

全书密切结合生产实际，列举了大量实例，具有实用性强、易于迅速掌握和运用的特点。本书适合初学者入门，也可供电气技术人员、电气工人、电动机维修人员、农村电工、电气爱好者阅读，还可作为再就业培训、职业院校与企业培训的教材。

本书由曹振华任主编，贺静、孟宏杰任副主编，参加编写的还有张振文、赵书芬、张伯龙、张胤涵、张校珩、曹祥、孔凡桂、焦凤敏、张校铭、张书敏、王桂英、曹峥、蔺书兰、孔祥涛、张亮、周新、王俊华、李宁、谢永昌、刘杰、刘克生、张伯虎等。

由于水平所限，书中不足之处难免，恳请广大读者批评指正（欢迎关注下方二维码交流）。

编者

目录

CONTENTS

视频页码

002, 011,
021, 024,
026, 027,
030

视频页码
083、084、
102、123、
131

视频
页码
149, 156, 172,
173, 176, 202

电动机的性能与型号

电动机的外形如图 1-1 所示。

图1-1 电动机的外形

电动机也称电机（俗称马达），是指依据电磁感应定律实现电能的转换或传递的一种电磁装置。在电路中用字母"M"（旧标准用"D"）表示。它的主要作用是产生驱动转矩，作为用电器或各种机械的动力源。

根据电动机工作电源的不同，可分为直流电动机和交流电动机。其中交流电动机还分为单相电动机和三相电动机。

电动机的编号方法见图 1-2。

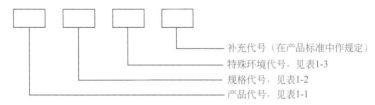

补充代号（在产品标准中作规定）
特殊环境代号，见表1-3
规格代号，见表1-2
产品代号，见表1-1

图1-2 电动机的编号方法

表1-1 电动机产品代号

电动机代号	代号汉字意义	电动机代号	代号汉字意义
Y	异	YQ	异启
YR	异绕	YH	异（滑）
YK	异（快）	YD	异多
YRK	异绕（快）	YL	异立
YRL	异绕立	YEP	异（制）傍

表1-2　电动机规格代号

产品名称	产品型号构成部分及其内容
小型异步电动机	中心高（mm）—机座长度（字母代号）—铁芯长度（数字代号）—极数
大中型异步电动机	中心高（m）—铁芯长度（数字代号）—极数
小型同步电动机	中心高（mm）—机座长度（字母代号）—铁芯长度（数字代号）—极数
大中型同步电动机	中心高（m）—铁芯长度（数字代号）—极数
交流换向器电动机	中心高或机壳外径（mm）（或/）铁芯长度、转速（均用数字代号）

表1-3　电动机特殊环境代号

汉字意义	汉语拼音代号	汉字意义	汉语拼音代号
"热"带用	T	"船"（海）用	H
"湿热"带用	TH	化工防"腐"用	F
"干热"带用	TA	户"外"用	W
"高"原用	G		

　　要为某一台机械设备选配电动机，首先需要考虑电动机的容量。电动机的容量一般根据它的发热情况来选择。在容许温度以内，电动机绝缘材料的寿命约为15～25年。如果超过了容许温度，电动机的使用年限就要缩短。而电动机的发热情况又与负载的大小及运行时间的长短（运行方式）有关。为了方便读者学习查阅，电动机具体的功能、分类、性能指标和选择原则这部分内容做成了电子版，读者可以扫描二维码详细学习。

电动机的种类与型号

第一节
电动机的种类与型号

电动机的性能指标及选择与安装

第二节
电动机的性能指标及选择与安装

电动机的绕组、拆装及改制

第一节
电机中的绕组

一、电机绕组及线圈

1. 线圈

线圈是由带绝缘皮的铜线（简称漆包线）按规定的匝数绕制而成。线圈的两边叫有效边，是嵌入定子铁芯槽内作电磁能量转换的部分。两头伸出铁芯在槽外有弧形的部分叫端部，是不能直接转换的部分，仅起连接两个有效边的桥梁作用，端部越长，能量浪费越大。引线是引入电流的连接线。

每个线圈所绕的圈数称为线圈匝数。线圈有单个的，也有多个连在一起的。多个连在一起的有同心式和叠式两种。双层绕组线圈基本上是叠式的。

在图2-1中为绕组线圈。

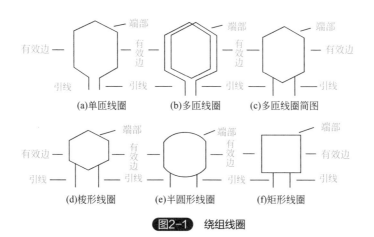

(a)单匝线圈   (b)多匝线圈   (c)多匝线圈简图

(d)梭形线圈   (e)半圆形线圈   (f)矩形线圈

图2-1 绕组线圈

2. 绕组

绕组是若干个线圈按一定规律放在铁芯槽内。每槽只嵌放一个线圈边的称为单层绕组。每槽嵌放两个线圈（上层和下层）的称为双层绕组。单层绕组有链式、交叉式、同心式等。双层绕组一般为叠式。三相电动机共有三相绕组，即 A 相、B 相和 C 相。每相绕组的排列都相同，只是空间位置上依次相差 120°（这里指 2 极电动机绕组）。

3. 节距

单元绕组的跨距指同一单元绕组的两个有效边相隔的槽数，一般称为绕组的节距，用字母 Y 表示，如图 2-2 所示。节距是最重要的，它决定了线圈的大小。当节距 Y 等于极距时称为整距线圈，当节距 Y 小于极距时称为短距线圈，当节距 Y 大于极距时称为长距线圈。电动机的定子绕组多采用短距线圈，特别是双层绕组电动机。虽然短距线圈与长距线圈的电气性能相同，但是短距线圈比长距线圈要节省端部铜线，从而降低成本，改善感应电动势波形及磁动式空间分布波形。例如 Y=5 槽时习惯上用 1—6 槽的方式表示，即线圈的有效边相隔 5 槽，分别嵌于第 1 槽和第 6 槽。

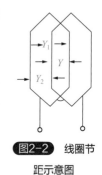

图2-2 线圈节距示意图

4. 极距

极距是指相邻磁极之间的距离，用字母 τ 表示。在绕组分配和排列中极距用槽数表示，即：

$$\tau=Z/2P（槽/极）$$

式中 Z——定子铁芯总槽数；

P——磁极对数；

τ——极距。

例如：6 极 24 槽电机绕组，P=3，Z=24，那么 $\tau = Z/2P$=24/（2×3）=4（1—5 槽），表示极距为 4，从第 1 槽至第 5 槽。

极距 τ 也可以用长度表示，就是每个磁极沿定子铁芯内圆所占的弦长。

$$\tau=\pi D/2P$$

式中 D——定子铁芯内圆直径；

P——磁极对数；

π——圆周率（取 3.14）。

5. 机械角度与电角度

电动机的铁芯内腔是一个圆。绕组的线圈必须按一定规律分布排列在铁芯的内腔，才能产生有规律的磁场，从而电动机才能正常运行。为表明线圈排列的顺序规律必须引用"电角度"来表示绕组线圈之间相对的位置。

在交流电中对应于一个周期的电角度是 360°，在研究绕组布线的技术上，不论电动机的极数多少，把三相交流电所产生的旋转磁场经过一个周期所转过的角度作为 360° 电角度。根据这一规定，在不同极数的电动机里旋转磁场的机械角度与电角度在数值上的关系就不相同了。

在 2 极电动机中，经过一个周期磁场旋转一周机械角度为 360° 而电角度也为 360°。4 极电动机在磁场一个周期中旋转 1/2 周，机械角度是 180°，电角度是 360°。6 极电动机的磁场在一个周期中旋转 1/3 周，机械角度是 120°，电角度也是 360°。

根据上述原理可知，不同极数的电动机的电角度与机械角度之间的关系可以用下列公式表示：

$$\alpha_{电}=PQ_{机}$$

式中 $\alpha_{电}$——对应机械角的电角度；

$Q_{机}$——机械角度；

P——磁极对数。

如表 2-1 所示为不同极数的电动机电角度与机械角度（取 360°）的关系。

			表2-1　两对磁极的电动机电角度与机械角度（取360°）的关系			
极数	2	4	6	8	10	12
极对数	1	2	3	4	5	6
电角度	360°	720°	1080°	1440°	1800°	2160°

6. 槽距角

电动机相邻两槽间的距离，用槽距角表示，可以用以下公式计算：

$$\alpha = P \times 360° / Z$$

式中　α——槽距角；

　　　P——磁极对数；

　　　Z——铁芯槽数。

7. 每极每相槽数

每极每相槽数用 q 表示。公式如下：

$$q = Z/2Pm$$

式中　P——磁极对数；

　　　Z——铁芯槽数；

　　　m——相数。

q 可以是整数也可以是分数。若 q 为整数称为整数槽绕组，若 q 为分数称为分数槽绕组；若 $q=1$ 即每个极下每相绕组只占一个槽称为集中绕组，若 $q > 1$ 时称为分布绕组。

8. 极相组

在定子绕组中凡是同一个磁极的线圈定为一组称为极相组。极相组可以由一个或多个线圈组成（多个线圈一次连绕而成），极相组之间的连接线称为跨接线。在三相绕组中每相都有一头一尾，三个头依次为 U_1、V_1、W_1，三尾依次为 U_2、V_2、W_2。

二、三相交流电机绕组的连接

三相交流电动机一般把 3 个绕组的 6 个首、尾端引到机壳的接线盒内，与 6 个接线柱相连。在接线盒内相互连接并与机外三相电源连接。主要有星形连接与三角形连接。

星形连接又称为 Y 形连接，图 2-3（a）是 3 个绕组的星形接法，用螺旋线圈代表绕组。图 2-3（b）是接线盒内的接线板，板上有 6 个接线柱 W_2、U_2、V_2、U_1、V_1、W_1，把 W_2、U_2、V_2 之间用短接片连接起来（连接点称为中性线 N），U_1、V_1、W_1 分别与机外 A、B、C 三相电源连接。

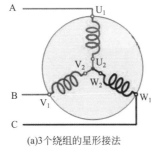

(a)3个绕组的星形接法

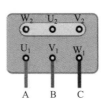

(b)星形接法的接线板

图2-3　三相绕组星形接法

三角形连接又称为△形连接，图2-4（a）是3个绕组的三角形接法，图2-4（b）是接线盒内的接线板，板上有6个接线柱 W_2、U_2、V_2、U_1、V_1、W_1。把 W_2 与 U_1 用短接片连接起来，并作为机外 A 相电源输入端；把 U_2 与 V_1 用短接片连接起来，并作为机外 B 相电源输入端；把 V_2 与 W_1 用短接片连接起来，并作为机外 C 相电源输入端。

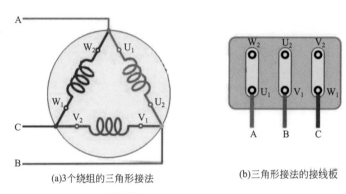

(a)3个绕组的三角形接法　　(b)三角形接法的接线板

图2-4 三相绕组三角形接法

具体采用哪种连接方法，要依照电机铭牌上标注的接法进行连接。大多数三相交流电动机采用三角形接法，但有的电动机铭牌上标有"电压380V/220V"与"接法Y/△"，说明在电源的线电压为380V时，采用Y形连接；当电源的线电压为220V时，采用△形连接。

功率较大的三相异步电动机启动电流大，为避免对电网的过大冲击，多采用Y-△启动，在启动时采用Y形接法，启动电流较小，待电动机转速接近额定转速时再改为△形接法。三相交流发电机一般采用星形接法直接引出机外。

三、三相电机绕组的判断

1. 三相绕组首尾端判断的方法

（1）用万用表电阻挡测量确定每相绕组的两个线端　电阻值近似为零时，两表笔所接为一组绕组的两个端，依次分清三个绕组的各两端，见图2-5。

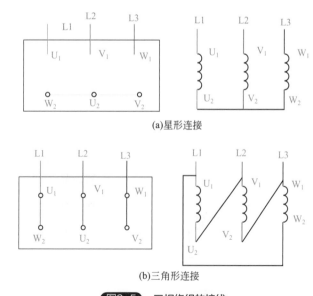

(a)星形连接

(b)三角形连接

图2-5 三相绕组的接线

（2）万用表第一种检查法

❶ 万用表置 mA 挡，按图 2-6 接线。假设一端接线为头（U_1、V_1、W_1），另一端接线为尾（U_2、V_2、W_2）。

❷ 用手转动转子，如万用表指针不动，表明假设正确。如万用表指针摆动，表明假设错误，应对调其中一相绕组头、尾端后重试，直至万用表不摆动时，即可将连在一起的 3 个线头确定为头或尾。

（3）万用表的第二种检查法

❶ 万用表置 mA 挡，按图 2-7 接线。

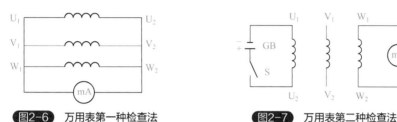

图2-6 万用表第一种检查法　　　图2-7 万用表第二种检查法

❷ 闭合开关 S，万用表指针向右摆动，则电池正极所接线头与万用表负表笔所接线头同为头或尾。如指针向左反摆，则电池正极所接线头与万用表正表笔所接线头同为头或尾。

❸ 将电池（或万用表）改接到第三相绕组的两个线头上重复以上试验，确定第三相绕组的头、尾，以此确定三相绕组各自的头和尾。

（4）灯泡检查第一种方法

❶ 准备一台 220V/36V 降压变压器并按图 2-8 接线（小容量电动机可直接接 220V 交流电源）。

❷ 闭合开关 S，如灯泡亮，表明两相绕组为头、尾串联，作用在灯泡上的电压是两相绕组感应电动势的矢量和；如灯泡不亮，表明两相绕组为尾、尾或头、头串联，作用在灯泡上的电压是两相绕组感应电动势矢量差。

❸ 将检查确定的线头做好标记，将其中一相与接 36V 电源一相对调重试，以此确定三相绕组所有头、尾端。

（5）灯泡检查第二种方法

❶ 按图 2-9 接线。

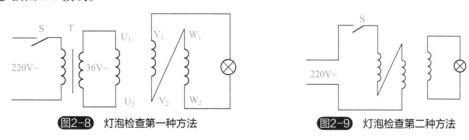

图2-8 灯泡检查第一种方法　　　图2-9 灯泡检查第二种方法

❷ 闭合开关 S，如 36V 灯泡亮，表示接 220V 电源两相绕组为头、尾串联；如灯泡不亮表示两相绕组为头、头或尾、尾串联。

❸ 将检查确定的线头做好标记，将其中一相与接灯泡一相对调重试，以此确定三相绕组所有头、尾端。

2. 线圈匝数和导线直径

线圈匝数和导线直径是原先设计决定的，在重绕时应根据原始的数据进行绕制，电动机的功率越大电流也越大，要求的线径也越粗，而匝数反而越少。导线直径是指裸铜线的直径。漆包线应去漆后用千分尺去量才能量出准确的直径。去漆可采用火烧，不但速度快而且准确。如果用刀刮，不小心会刮伤铜线，这样量出来的数据就有误差，会造成不必要的麻烦，有时还会出现返工。

3. 并绕根数

功率较大的电动机因电流较大，要用的线径较粗。直径在1.6mm以上的漆包线硬而难绕，设计时就采用几根较细的漆包线并绕来代替。在拆绕组的时候务必要弄清并绕的根数，以便照样并绕。在平时修理电动机时如果没有相同线径的漆包线也可以采用几根较细的漆包线并绕来代替，但要注意代替线的截面积的和要等于被代替的截面积。

4. 并联支路

功率较大的电动机所需要的电流较大，绕组的设计往往把每一相的线圈平均分成多串，各串里的极相组依次串联后再按规定的方式并联起来。这一种连接方式称为并联支路。

5. 相绕组引出线的位置

三相绕组在空间分布上是对称的，相与相之间相隔的电角度为120°，那么相绕组的引出线 U_1、V_1、W_1 之间以及 U_2、V_2、W_2 之间也应该相隔120°电角度。

6. 气隙

异步电动机气隙的大小及对称性，集中反映了电机的机械加工质量和装配质量，对电机的性能和运转可靠性有重大影响。气隙对称性可以调整的中大型电机，每台都要检查气隙大小及其对称性。采用端盖既无定位又无气隙探测孔的小型电机，试验时也要在前后端盖钻孔探测气隙对称性。

（1）测量方法　中小型异步电动机的气隙，通常在转子静止时沿定子圆周大约各相隔120°处测量三点，大型座式轴承电机的气隙，须在上、下、左、右测量四点，以便在装配时调整定子的位置。电机的气隙须在铁芯两端分别测量，封闭式电机允许只测量一端。

塞尺（厚薄规）是测量气隙的工具，其宽度一般为10～15mm，长度视需要而定，一般在250mm以上，测量时宜将不同厚度的塞尺逐个插入电机定、转子铁芯的齿部之间，如恰好松紧适宜，塞尺的厚度就作为气隙大小。塞尺须顺着电机转轴方向插入铁芯，左右偏斜会使测量值偏小。塞尺插入铁芯的深度不得少于30mm，尽可能达到两个铁芯段的长度。由于铁芯的齿胀现象，插得太浅会使测量值偏大。采用开口槽铁芯的电机，塞尺不得插在线圈的槽楔上。

由于塞尺不成弧形，气隙测量值都比实际值小一点。在小型电机中，由于塞尺与定子铁芯内圆的强度差得较多，加之铁芯表面的漆膜也有一定厚度，气隙测量误差较大，且随测量者对塞尺松紧的感觉不同而有差别。所以，对于小型电机，一般只用塞尺来检查气隙对称性，气隙大小按定子铁芯内径与转子铁芯外径之差来确定。

（2）对气隙大小及对称性的要求　11号机座以上的电机，气隙实测平均值（铁芯表面喷漆者再加0.05mm）与设计值之差，不得超过设计值的 ±（5%～10%）。气隙过小，会影响电机的安全运转；气隙过大，会影响电机的性能和温升。

大型座式轴承电机的气隙不均匀度按下式计算：

$$气隙不均匀度 = \frac{气隙（最大值或最小值） - 气隙（平均值）}{气隙（平均值）}$$

大型电动机的气隙对称性可以调整，所以基本要求较高，铁芯任何一端的气隙不均匀度不超过 5% ～ 10%，同一方向铁芯两端气隙之差不超过气隙平均值的 5%。

四、电动机中常见绕组形式

1. 定子与基本绕组

在发电机及电动机中，绕组是产生电动势的部件，在电动机中绕组是产生机械力的部件，电机绕组是能量转换的主要部件，绕组是电机中最重要的部件，定子铁芯与转子铁芯只是为了减少磁阻，增大磁通的磁路。在直流电机中有定子绕组与转子绕组，在交流电机中同样有定子绕组与转子绕组，本节介绍交流电机绕组的基础知识。交流电机主要有单相电机与多相电机，多相电机主要是三相电机。

图 2-10 是一个交流电机的定子铁芯，由多片冲压成形的硅钢片叠成，在铁芯内圆周均匀分布着齿与槽，定子线圈绕组就嵌放在槽内。

图2-10 交流电机定子铁芯

圆周排列的线圈不易观看与分析，在描述一个电机绕组的布置与连接时，通常采用展开图来表示，也就是把在圆柱面的铁芯展开成平面，铁芯槽中分布的绕组也展开成平面，就直观多了。一个电机的绕组由多个线圈组成，在图 2-11 中介绍了在展开图中线圈的表示方法。

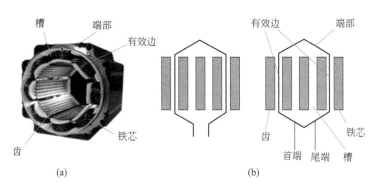

(a)   (b)

图2-11 线圈的表示方法

图 2-11（a）是一截铁芯上的一个线圈，一个线圈是由多圈导线绕制而成，是多匝线圈，嵌在铁芯槽内的部分称为有效边，在铁芯两边的称为端部，可以理解为线圈的有效边参与切割主磁场，是有效部分，而线圈在槽外部分仅起连接有效边的作用。线圈的两个线端称为首端与尾端，本节中按绕制方向定义首端与尾端。

为简单清晰地表示，在展开图中用线框来表示线圈，图 2-11（b）是用开口线框表示只有一匝的线圈（在复杂的图中也用来表示多匝线圈），用闭合线框表示多匝线圈。一个线圈的两个有效边间隔的槽数称为节距 Y，图 2-11 线圈的节距为 3。

2. 绕组的分类

按槽内线圈的层数分为单层绕组、双层绕组、多层绕组。在单层绕组中有链式绕组、同心式绕组、交叉式绕组，在双层绕组中有叠绕组与波绕组，这仅是常见的分类。

（1）单层叠式绕组　同一相的几个线圈叠在一起，后一个线圈叠在前一个线圈后面。图 2-12（b）是绕组的展开图，图 2-12（a）是展开的立体图。

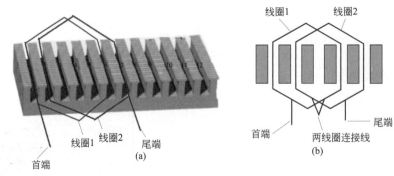

图2-12 单层叠式绕组

（2）单层同心式绕组 同一相的几个线圈根据需要一个套一个按同心排列，图2-13是两个同心线圈的展开立体图。

图2-14是两个同心线圈组成的绕组的展开图，图（a）（b）中有两个线圈连接线。在许多展开图中采用简单画法，图（b）是用直接连接方法表示两个线圈的连接；图（c）是省去连接线的表示方法。

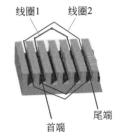

图2-13 单层同心式绕组立体图

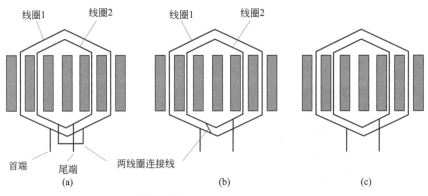

图2-14 单层同心式绕组展开图

（3）单层链式绕组 同一相的几个线圈根据需要一个接一个呈链式排列，图2-15（b）是绕组的展开图，图（a）是展开的立体图。

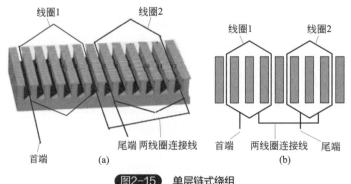

图2-15 单层链式绕组

（4）双层叠绕式绕组 两个线圈根据需要一个的一条边叠在另一个的一条边上，图2-16(b)是绕组的展开图，图（a）是展开的立体图。

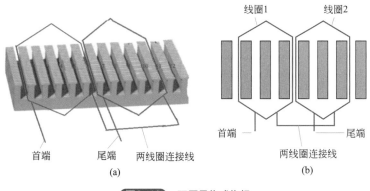

线圈1　　线圈2

首端　　尾端　　两线圈连接线

(a)

首端　　　　尾端

两线圈连接线

(b)

图2-16　双层叠绕式绕组

以上只是常见的绕组形式，其他形式绕组在后续章节中详细讲解。

第二节
电动机的拆卸与安装

一、电机维修常用工具及材料仪表

电机维修常用工具、仪表及材料涉及内容非常丰富，为方便读者查阅学习，这部分内容读者可以扫描二维码观看操作视频学习相关内容。

电机维修常用工具仪表及材料　　　　电工工具的使用

二、图解电动机的拆装

1. 电动机的拆卸

电动机的结构比较简单，电动机的拆卸步骤如下所述。

（1）拆卸带轮　拆卸带轮的方法有两种，一是用两爪或三爪扒子拆卸，二是用锤子和铁棒直接敲击带轮拆卸。如图 2-17 所示。

（2）拆卸风叶罩　用改锥或扳手卸下风叶罩的螺钉，取下风叶罩。如图 2-18 所示。

图2-17　拆卸带轮

(a) 取下螺钉　　　　　　　　　　(b) 取下风叶罩

图2-18　拆卸风叶罩

（3）拆卸风扇　用扳手取下风扇螺钉，拆下风扇。如图 2-19 所示。

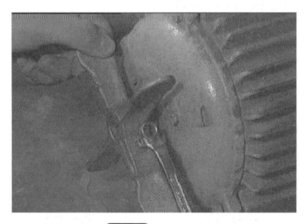

图2-19　拆卸风扇

（4）拆卸后端盖　取下后端盖的固定螺钉（当前后端盖都有轴承端盖固定螺钉时，应将轴承端盖固定螺钉同时取下），用锤子敲击电机轴，取下后端盖（也可以将电动机立起，取出电动机转子，取下端盖）。如图 2-20 所示。

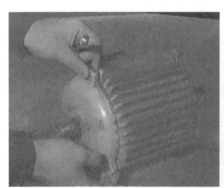

图2-20　拆卸后端盖

（5）取出转子　当拆掉后端盖后，可以将转子慢慢抽出来（体积较大时，可以用吊制法取出转子），为了防止抽取转子时损坏绕组，应当在转子与绕组之间加垫绝缘纸。如图 2-21 所示。

图2-21 取出转子

2. 电动机的安装

电动机所有零部件如图 2-22 所示,电动机安装的步骤如下所述。

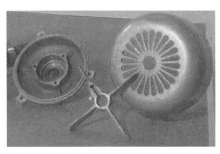

图2-22 电动机零部件

(1)安装轴承 将轴承装入转子轴上,给轴承和端盖涂抹润滑油。如图 2-23 所示。

图2-23 安装轴承及涂抹润滑油

(2)安装端盖 将转子立起,装入端盖,用锤子在不同部位敲击端盖,直至轴承进入槽内为止。如图 2-24 所示。

图2-24 安装端盖

（3）安装轴承端盖螺钉　将轴承端盖螺钉安装并紧固。如图 2-25 所示。

（4）装入转子　装好轴承端盖后，将转子插入定子中，并装好端盖螺钉。如图 2-26 所示。在装入转子过程中，应注意转子不碰触绕组，以免造成绕组损坏。

图2-25 装好轴承端盖　　　　　　　图2-26 装入转子紧固端盖螺钉

（5）装入前端盖

❶ 首先用三根硬导线将端部折成 90° 弯，插入轴承端盖三个孔中，如图 2-27（a）所示。

❷ 将三根导线插入端盖轴承孔，如图 2-27（b）所示。

❸ 将端盖套入转子轴，如图 2-27（c）所示。

❹ 向外拽三根硬导线，并取出其中一根导线，装入轴承端盖螺钉，如图 2-27（d）所示。

❺ 用锤子敲击前端盖，装入端盖螺钉，如图 2-27（e）所示。

❻ 取出另外两根硬导线，装入轴承端盖螺钉，并装入端盖固定螺钉，将螺钉全部紧固。如图 2-27（f）所示。

（6）安装扇叶和扇罩　首先安装好扇叶，紧固螺钉，并将扇罩装入机身。如图 2-28 所示。

（7）用兆欧表检测电动机绝缘电阻　将电动机组装完成后，用兆欧表检测绕组间的绝缘及绕组与外壳的绝缘，判断是否有短路或漏电现象。如图 2-29 所示。

（8）安装电动机接线　将电动机绕组接线接入接线柱，并用扳手紧固螺钉。如图 2-30 所示。

（9）通电试转　接好电源线，接通空气断路器（或普通刀开关），给电动机接通电源，电动机应该正常运转（此时可以应用转速表测量电动机的转速，电动机应当在额定转速内旋转）。如图 2-31 所示。

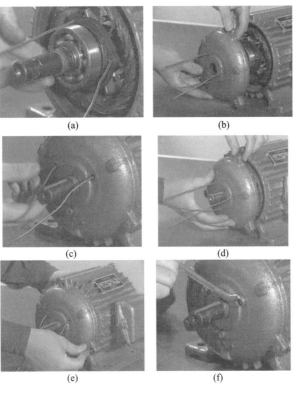

(a)　　　　　　　　(b)

(c)　　　　　　　　(d)

(e)　　　　　　　　(f)

图2-27　前端盖的安装过程

图2-28　安装扇叶和扇罩

图2-29　用兆欧表检测电动机绝缘电阻

图2-30　绕组接线接入接线柱

图2-31　接通电源试转

第三节
绕组重绕与计算方法及改制

一、绕组重绕步骤

电动机最常见的故障是绕组短路或烧损，出现此类故障时需要重新绕制绕组。绕组重绕的步骤如下。

1. 拆卸电动机并详细记录电动机的原始数据

如图2-32所示为测量各项数据并记录。记录的原始数据内容如下。

（1）启用记录

送机者姓名＿＿＿＿＿　　单位＿＿＿＿＿　　日期　年＿＿＿月＿＿＿日＿＿＿

损坏程度＿＿＿＿＿　　　所差件＿＿＿＿＿　　应修部位＿＿＿＿＿

初定价＿＿＿＿＿　　　　取机日期＿＿＿＿＿　　其他事项

维修人员＿＿＿＿＿

（2）铭牌数据

型号＿＿＿＿＿　　　　极数＿＿＿＿＿　　　转速＿＿＿＿＿

功率＿＿＿＿＿　　　　电压＿＿＿＿＿　　　电流＿＿＿＿＿

电动机容量＿＿＿＿＿　　电动机启动运转方式＿＿＿＿＿　　其他＿＿＿＿＿

（3）铁芯数据

定子外径＿＿＿＿＿　　　定子内径＿＿＿＿＿　　定子有效长度＿＿＿＿＿

转子外径＿＿＿＿＿　　　定子轭高＿＿＿＿＿　　定子铁芯外径＿＿＿＿＿

内径＿＿＿＿＿　　　　　长度＿＿＿＿＿　　　　定子槽数＿＿＿＿＿

导线直径＿＿＿＿＿　　　空气隙＿＿＿＿＿　　　转子槽数＿＿＿＿＿

（4）定子绕组

导线规格＿＿＿＿＿　　　每槽导线数＿＿＿＿＿　　线圈匝数＿＿＿＿＿

并绕根数＿＿＿＿＿　　　并联支路数＿＿＿＿＿　　绕组形式＿＿＿＿＿

每极每相槽数＿＿＿＿＿　　节距＿＿＿＿＿

若是单相电机正弦波绕组还应记录以下数据。

❶ 主绕组：

第1个线把（从小线把开始）周长＿＿＿mm，匝数＿＿＿匝，绕线模标记＿＿＿。

第2个线把周长＿＿＿mm，匝数＿＿＿匝，绕线模标记＿＿＿。

第3个线把周长＿＿＿mm，匝数＿＿＿匝，绕线模标记＿＿＿。

第4个线把周长＿＿＿mm，匝数＿＿＿匝，绕线模标记＿＿＿。

第5个线把周长＿＿＿mm，匝数＿＿＿匝，绕组模标记＿＿＿。

第6个线把周长＿＿＿mm，匝数＿＿＿匝，绕线模标记＿＿＿。

❷ 启动绕组：

＿＿＿匝，由＿＿＿mm＿＿＿导线＿＿＿个线把组成。

第 1 个线把（从小线把开始）周长____ mm，匝数____匝，绕线模标记____。

第 2 个线把周长____ mm，匝数____匝，绕线模标记____。

第 3 个线把周长____ mm，匝数____匝，绕线模标记____。

第 4 个线把周长____ mm，匝数____匝，绕线模标记____。

第 5 个线把周长____ mm，匝数____匝，绕线模标记____。

第 6 个线把周长____ mm，匝数____匝，绕线模标记____。

每个启动线圈____圈，长度____ mm，导线直径____ mm。

❸ 其他：

运转绕线旧线重量____ kg，用新线重量____ kg，

启动绕线旧线重量____ kg，用新线重量____ kg，其他____。

（5）转子绕组（绕线式）

导线规格_____　　每槽导线数_____　　线圈匝数_____

并绕根数_____　　并联支路数_____　　绕组形式_____

每极每相槽数_____

（6）绝缘材料

槽绝缘_____　　绕组绝缘_____　　外覆绝缘_____

（7）绕组展开图与接线草图

（8）故障原因及改进措施

（9）维修总结

图2-32　测量各项数据并记录

2. 拆除旧绕组

有三种方法：热拆法、冷拆法和溶剂溶解法。

先用錾子錾切线圈一端绕组（多选择有接线的一端），錾切时应注意錾子的角度，不能过陡或过平，以免损坏定子铁芯或造成线端不平整，给拆线带来困难。如图 2-33 所示。

（1）热拆法　錾切线圈后可以采用电烤箱（灯泡、电炉子等）进行加热，如图 2-34 所示，当温度升到 100℃时，用撬棍撬出绕组，如图 2-35 所示。

（2）溶解法　用氢氧化钠溶液或 50% 丙酮、5% 的石蜡、45% 左右的甲苯配成溶剂浸泡或涂刷 2 ~ 5h，使绝缘物软化后拆除（如图 2-36 所示）。由于溶剂有毒易挥发，使用时应注意人身安全。

图2-33 錾切线圈

图2-34 烤箱加热

图2-35 用撬棍撬出绕组

9%氢氧化钠　　石蜡 5%　　甲苯 45%　　丙酮 50%

(a) 溶剂的配制

(b) 涂刷溶剂

(c) 拆除线圈

图2-36 溶解法拆除绕组

（3）冷拆法　用不同规格的冲子和锤子进行拆除，錾切好线圈后，首先用锤头对准錾切面锤击冲子，待所有槽中线圈松动后，在另一面用撬棍将线圈拆除即可。在拆除线圈时不要用力过大，以免损坏槽口或使铁芯翘起。参见图2-35。

注意 ▶▶

拆除线圈时最好保留一个完整线圈，作为绕制新线圈的样品。

3. 清理铁芯

线圈拆完后，应对定子铁芯进行清理。清理工具主要使用铁刷、砂纸、毛刷等。清理时应当注意铁芯是否有损坏、弯曲缺口，如有应予以修理，如图 2-37 所示。

(a) 用砂纸清理

(b) 用清槽刷清理

(c) 用毛刷扫干净

(d) 清理好的定子

图2-37 铁芯清理

4. 绕制线圈

（1）准备漆包线 从拆下的旧绕组中取一小段铜线，在火上烧一下，将漆皮擦除，用千分尺测量出漆包线的直径。选购同样的新漆包线（如无合适的漆包线，可适当地选择稍大或稍小的导线待用）。

（2）确定线圈的尺寸 将拆除完整的旧线圈进行整形，确定线圈的尺寸。如图 2-38 所示。

图2-38 线圈尺寸的确定

图2-39 线模的选择

（3）选择线模　按照拆除完整的旧线圈的形状，选择合适的线模，若没有合适的线模，可以自行制作。如图 2-39 所示。

（4）线圈的绕制　确定好线圈的匝数和模具后，即可以绕制线圈。绕制线圈时，先放置绑扎线，然后用绕线机绕制线圈，如图 2-40 所示。注意：如线圈有接头时，应插入绝缘管刮掉漆皮将线头拧在一起，并进行焊接，以确保导线良好。

(a) 绑扎线绕制　　　　　　　(b) 绕制线圈　　　　　　　(c) 漆包线支架

图2-40　线圈的绕制

（5）退模　线圈绕制好后，绑好绑扎线，松开绕线模，将线圈从绕线模中取出。如图 2-41 所示。

图2-41　退模及成品线圈

5. 绝缘材料的准备

（1）按铁芯的长度裁切绝缘纸　绝缘纸的长度应大于铁芯长度 5～10mm，宽度应大于铁芯高度的 2～4 倍。如图 2-42 所示。

（2）放入绝缘纸　将裁好的绝缘纸放入铁芯，注意绝缘纸的两端不能太长，否则在嵌线时会损坏绝缘。如图 2-43 所示。

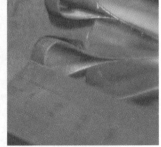

图2-42　裁切绝缘纸　　　　　　　　　　　图2-43　将绝缘纸放入定子铁芯

6. 嵌线

线圈放入绝缘纸后，即可嵌线。

（1）准备嵌线工具　嵌线工具主要有压线角、划线板、剪刀、橡胶锤、打板等。

（2）捏线　将准备嵌入的线圈的一边用手捏扁，并对线圈进行整形。如图 2-44 所示。

三相电动机双层
绕组嵌线全过程

图2-44　捏线

（3）嵌线和划线　将捏扁的线圈放入镶好绝缘纸的铁芯内，并用手直接拉入线圈。如有少数未入槽的导线，可用划线板划入槽内。如图 2-45 所示。

(a) 拉入线圈　　　　　　　　(b) 划线

图2-45　嵌线和划线

7. 裁切绝缘纸放入槽楔

❶ 线圈全部放入槽内后，用剪刀剪去多余的绝缘纸，用划线板将绝缘纸压入槽内，如图 2-46 所示。

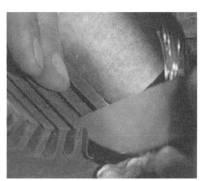

(a) 剪却槽口绝缘纸　　　　　(b) 用划线板将绝缘纸压入槽内

图2-46　裁剪绝缘纸

❷ 放入槽楔，用划线板压入绝缘纸后，可以用压线角进行压实，然后将槽楔放入槽内。如图 2-47 所示。

图2-47　放入槽楔

❸ 按照嵌线规律，将所有嵌线全部嵌入定子铁芯（有关嵌线规律见后面电动机各章节中相关内容），如图 2-48 所示。

(a) 嵌入第二把线圈　　　　　　　(b) 用压线角压制电磁线圈

(c) 隔槽嵌入第三把线圈　　　　　(d) 吊把后压入第三把线圈

(e) 放入槽楔　　　　　　　　　(f) 按此方法逐步嵌入所有线圈

(g) 最后将吊把嵌入槽内

(h) 嵌好线后的定子

图2-48　嵌线步骤

8. 垫相绝缘

嵌好线后，将绝缘纸嵌入，做好相间绝缘。如图 2-49 所示。

(a) 垫相间绝缘

(b) 裁切相间绝缘

(c) 垫好相间绝缘

图2-49　垫相绝缘

9. 接线

按照接线规律，将各线头套入绝缘管，将各相线圈连接好，并接好连接电缆，接头处需要用烙铁焊接（大功率电动机需要使用火焰钎焊或电阻焊焊接）。如图 2-50 所示。

(a) 穿入绝缘管

(b) 焊接接头

图2-50　接线

10. 绑扎及整形

用绝缘带将线圈端部绑扎好，并用橡胶锤及打板对端部进行整形。如图 2-51 所示。

11. 浸漆和烘干

电动机绕组浸漆的目的是提高绕组的绝缘强度、耐热性、耐潮性及导热能力，同时也增加绕组的机械强度和耐腐蚀能力。

电动机接线捆扎

(a) 绑扎线圈

(b) 整形

图2-51 绑扎及整形

（1）预加热　浸漆前要将电动机定子进行预烘，目的是排除水分潮气。预烘温度一般为110℃左右，时间约 6～8h（小型电动机用小值，中大型电动机用大值）。预烘时，每隔 1h 测量绝缘电阻一次，其绝缘电阻必须在 3h 内不变化，才可以结束预烘。如果电动机绕组一时不易烘干，可暂停一段时间，并加强通风，待绕组冷却后，再进行烘焙，直至其绝缘电阻达到稳定状态。如图 2-52 所示。

电动机浸漆

(a) 灯泡加热

(b) 烤箱加热

图2-52 预加热

（2）浸漆　绕组温度冷到 50～60℃左右才能浸漆。E 级绝缘常用 1032 三聚氰胺醇酸浸漆分两次浸漆。根据浸漆的方式不同，分为浇漆和浸漆两种。

浇漆是指将电动机垂直放在漆盘上，先浇绕组的一端，再浇另一端。漆要浇得均匀，全部都要浇到，最好重复浇几次。如图 2-53 所示。

浸漆指的是将电机定子浸入漆筒中 15min 以上，直至无气泡为止，再取出定子。

擦除定子残留漆。待定子冷却后，用棉丝蘸松节油擦除定子及其他处残留的绝缘漆。目的是使安装方便，转子转动灵活。也可以待烤干后，用金属扁铲铲掉定子铁芯残留的绝缘漆。如图 2-54 所示。

图2-53 浇漆

图2-54　擦除定子残留漆

（3）烘干　烘干的目的是使漆中的溶剂和水分挥发掉，使绕组表面形成较为坚固的漆膜，如图2-55所示。烘干最好分为两个阶段，第一阶段是低温烘焙，温度控制在70～80℃，烘2～4h。这样使溶剂挥发不太强烈，以免表面干燥太快而结成漆膜，使内部气体无法排出，第二阶段是高温阶段，温度控制在130℃左右，时间为8～16h。转子尽可能竖烘，以便校平衡。

在烘干过程中，每隔1h用兆欧表测一次绕组对地的绝缘电阻。开始绝缘电阻下降，后来逐步上升，最后3h必须趋于稳定，电阻值一般在5MΩ以上，烘干才算结束。

常用的烘干方法有以下几种。

❶ 灯泡烘干法　此法工艺、设备简单方便，耗电少，适用于小型电动机。烘干时注意用温度计监测定子内温度，不得超过规定的温度，灯泡也不要过于靠近绕组，以免烤焦。为了升温快，应将灯泡放入电机定子内部，并加盖保温材料（可以使用纸箱）。

❷ 烘房烘干法　在通电的过程中，必须用温度计监测烘房的温度，不得超过允许值。烘房顶部留有出气孔，烘房的大小根据常修电动机容量大小和每次烘干电动机台数决定。

图2-55　烘干

❸ 电流烘干法　将定子绕组接在低压电源上，靠绕组自身发热进行干燥。烘干过程中，需经常监测绕组温度。若温度过高应暂时停止通电，以调节温度。还要不断测量电动机的绝缘电阻，符合要求后就停止通电。

12. 电动绕组及电动机特性试验

（1）电动机绝缘检查　电动机烘焙完毕，浸漆烘干后，应用兆欧表及万用表对电动机绕组进行绝缘检查，如图 2-56 所示。电动机烘焙完毕，必须用兆欧表测量绕组对机壳及各相绕组相互间的绝缘电阻。绝缘电阻每千伏工作电压不得小于 $1M\Omega$，一般低压（380V）、容量在 100kW 以下的电动机不得小于 $0.5M\Omega$，滑环式电动机的转子绕组的绝缘电阻亦不得小于 $0.5M\Omega$。

三相电机绕组
好坏判断

图2-56 绝缘检查

（2）三相电流平衡试验 将三相绕组并联通入单相交流电（电压 24 ~ 36V），如图 2-57 所示。如果三相的电流平衡，表示没有故障，如果不平衡，说明绕组匝数或导线规格可能有错误，或者有匝间短路、接头接触不良等现象。

（3）直流电阻测量 将要测量的绕组串联一只直流电流表接到 6 ~ 12V 的直流电源上，再将一只直流电压表并联到绕组上，测出通过绕组的电流和绕组上的电压降，再算出电阻。或者用电桥测量各

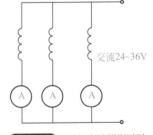

图2-57 三相电流平衡试验

绕组的直流电阻，测量三次取其平均值，即 $R = \dfrac{R_1 + R_2 + R_3}{3}$。测得

的三相之间的直流电阻误差不大于 $\pm 2\%$，且直流电阻与出厂测量值误差不大于 $\pm 2\%$，即为合格。但若测量时，温度不同于出厂测量温度，则可按下式换算（对铜导线）：

$$R_2 = R_1 \frac{235 + t_2}{235 + t_1}$$

式中 R_2——在温度 t_2 时的电阻；

R_1——在温度 t_1 时的电阻。

（4）耐压试验 耐压试验是做绕组对机壳及不同绕组间的绝缘强度试验。对额定电压 380V，额定功率为 1kW 以上的电动机，试验电压有效值为 1760V；对额定功率小于 1kW 的电动机，试验电压为 1260V。绕组在上述条件下，承受 1min 而不发生击穿者为合格。

（5）空载试验 电动机经上述试验无误后，对电动机进行组装并进行半小时以上的空载通电试验。如图 2-58 所示，空载运转时，三相电流不平衡应在 $\pm 10\%$ 以内。如果空载电流超出容许范围很多，表示定子与转子之间的气隙可能超出容许值，或是定子匝数太少，或是应一路串联但错接成两路并联了，如果空载电流太低，表示定子绕组匝数太多，或应是△形连接但误接成 Y 形，或两路并联错接成一路串联，等等。此外，还应检查轴承的温度是否过高，电动机和轴承是

否有异常的声音等。滑环式异步电动机空转时，还应检查启动时电刷有无冒火花、过热等现象。

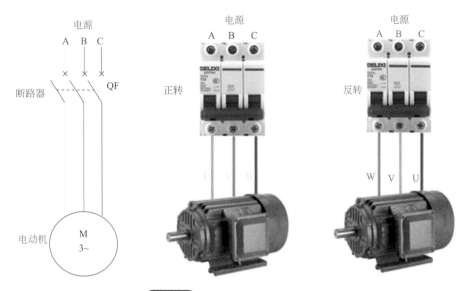

图2-58 对组装好的电动机通电试验

二、电动机绕组重绕计算

在电动机的检修工作中，经常会遇到电动机铭牌丢失，或绕组数据无处考查的情况。有时还需要改变使用电压，变更电动机转速，改变导线规格来修复电动机的绕组。这时都必须经过一些计算，才能确定所需要的数据。电动机绕组重绕计算可扫二维码详细学习。

电动机绕组重绕计算

三、电动机改制计算

在生产中，有时需改变电动机绕组的连接方式，或重新配制绕组来改变电动机的极数，以获得所需要的电动机转速。

1. 改级计算

（1）改极计算注意事项

❶ 由于电动机改变了极数，必须注意，定子槽数 Z_1 与转子槽数 Z_2 的配合不应有下列关系：

$$Z_1-Z_2= \pm 2P$$

$$Z_1-Z_2=1 \pm 2P$$

$$Z_1-Z_2= \pm 2 \pm 4P$$

否则电动机可能发生强烈的噪声，甚至不能运转。

❷ 改变电动机极数时，必须考虑到电动机容量将与转速近似成正比变化。

❸ 改变电动机转速时，不宜使其前后相差过大，尤其是提高转速时应特别注意。

❹ 提高转速时，应事先考虑到轴承是否会过热或寿命过低，转子和转轴的机械强度是否可靠，等等。必要时进行验算。

❺ 绕线转子电动机改变极数时，必须将定子绕组和转子绕组同时更换。所以一般只对笼型电动机定子线圈加以改制。

（2）改变极数有两种情况，一种是不改变绕组线圈的数据，只改变其极相组及极间连线，其电动机容量保持不变。此时，应验算磁路各部分的磁通密度，只要没有达到饱和值或超过不多即可。另一种情况是重新计算绕组数据。改制前，应确切记好电动机的铭牌、绕组和铁芯的各项数据，并按所述方法计算改制前绕组的 W_1、Φ、B_z、B_a、n_c 和 AS 等各项数据，以便和改制后相应的数据对比。

❶ 改制后提高电动机转速的方法和步骤。

a. 改制后极距 $\tau' = \dfrac{\pi D_1}{2P'}$ (cm)

b. 改制后每极磁通 $\Phi' = 1.84haLB_a'$ (Mx)，其中 $1Mx = 10^{-8}Wb$。

式中　B_a'——改制后轭磁通密度，可选为18000Gs（1Gs=0.0001T）。

由于改制后电动机极数减少，因此 B_a' 增高，为了不使轭部温升过高，B_a' 不宜超过 18000Gs。

❷ 改制后绕组每相串联匝数。

单层绕组 $W_1' = \dfrac{U_{xg} \times 10^6}{2.22\Phi'}$ （匝／相）

双层绕组 $W_2' = \dfrac{U_{xg} \times 10^6}{2.22K'\Phi'}$ （匝／相）

其余各项数据的计算与旧定子铁芯重绕线圈的计算相同。但由于转速提高后极距 τ 增加，所以空气隙的 B_g 和齿的 B_z 的数值比表中的相应数值小。

❸ 改制后降低电机转速的计算方法。

a. 极距 $\tau' = \dfrac{\pi D_1}{2P'}$ (cm)

b. 每极磁通 $\Phi' = 0.586\tau'LB_g'$ (Mx)

由于极数增加，极距 τ 减小，定子轭磁通密度显著减小，因此可将 B_g' 数值较改制前 B_g 数值提高 5% ～ 14%，B_z 值也相应提高 5% ～ 10%。

其余各项数据计算与电动机空壳重绕线圈的计算相同。

提示 ▶▶

异步电动机改变极数重绕线圈后，不能保证铁芯各部分磁通保持原来的数值，因而 η、$\cos\phi$、I_o 和启动电流等技术性能指标也有较大的变动。

2. 改压计算

❶ 要将原来运行于某一电压的电动机绕组改为另一种电压时，必须使线圈的电流密度和每匝所承受的电压尽可能保持原来的数值，这样可使电动机各部分温升和机械特性保持不变。

改变电压时，首先考虑能否用改变接线的方法使该电动机适用于另一电压。

计算公式如下：

$$K\% = \dfrac{U_{xg}'}{U_{xg}} \times 100\%$$

式中　$K\%$——改接前后的电压比；

　　　U_{xg}'——改接后的绕组相电压；

　　　U_{xg}——改接前的绕组相电压。

根据计算所得的电压比 $K\%$ 再查阅表 2-2，查得的"绕组改接后接线法"应符合表 2-2 规定，同时由于改变接线时没有更换槽绝缘，必须注意原有绝缘能否承受改接后所用的电压。

❷ 如果无法改变接线，只得重绕线圈。重绕后，绕组的匝数 W_1' 和导线的截面积 S_1' 可由下式求得。

$$W_1' = \frac{U_{xg}'}{U_{xg}} W_1$$

$$S_1' = \frac{U_{xg}}{U_{xg}'} S_1$$

式中　W_1——定子绕组重绕前的每相串联匝数，匝；

　　　S_1——定子绕组重绕前的导线截面积，mm²。

如果导线截面积较大时，可并绕或增加并联支路数。

如果电动机由低压改为高压（500V 以上）时，因受槽形及绝缘的限制，电动机容量必须大大地减少，所以一般不宜改高压。当电动机由高压改为低压使用时，绕组绝缘可以减薄，可采用较大截面的导线，电动机的出力可稍增大。

表2-2　三相绕组改变接线的电压比（K%）

绕组原来接线法	绕组改接后接线法															
	一路Y形	二路并联Y形	三路并联Y形	四路并联Y形	五路并联Y形	六路并联Y形	八路并联Y形	十路并联Y形	一路△形	二路并联△形	三路并联△形	四路并联△形	五路并联△形	六路并联△形	八路并联△形	十路并联△形
一路Y形	100	50	33	25	20	17	12.5	10	58	69	19	15	12	10	7	6
二路并联Y形	200	100	67	50	40	33	25	20	116	58	39	29	23	19	15	11
三路并联Y形	300	150	100	75	60	50	38	30	173	87	58	43	35	29	22	17
四路并联Y形	400	200	133	100	80	67	50	40	232	116	77	58	46	39	29	23
五路并联Y形	500	250	167	125	100	83	63	50	289	144	96	72	58	48	36	29
六路并联Y形	600	300	200	150	120	100	75	60	346	173	115	87	69	58	43	35
八路并联Y形	800	400	267	200	160	133	100	80	460	232	152	120	95	79	58	46
十路并联Y形	1000	500	333	250	200	167	125	100	580	290	190	150	120	100	72	58
一路△形	173	80	58	43	35	29	22	17	100	50	33	25	20	17	12.5	10
二路并联△形	346	173	115	87	69	58	43	35	200	100	67	50	40	33	25	20
三路并联△形	519	259	173	130	104	87	65	52	300	150	100	75	60	50	38	30
四路并联△形	692	346	231	173	138	115	86	69	400	200	133	100	80	60	50	40
五路并联△形	865	433	288	216	173	144	118	86	500	250	167	125	100	80	63	50
六路并联△形	1038	519	346	260	208	173	130	104	600	300	200	150	120	100	75	60
八路并联△形	1384	688	404	344	280	232	173	138	800	400	267	200	160	133	100	80
十路并联△形	1731	860	580	430	350	290	216	173	1000	500	333	250	200	167	125	100

【例】有一台 3000V、8 极、一路 Y 形接线的异步电动机要改变接线，使用于 380V 的电源上，应如何改变接线？

解：首先计算改接前后的电压比 K%。

$$K\% = \frac{380}{3000} \times 100\% = 12.7\%$$

再查"绕组原来接线法"栏，第一行第七列"八路并联 Y 形"下的数字"12.5"最相近，而这种接线又符合表 2-2 中的规定，所以该电机可以接受"八路并联 Y 形"，运行于 380V 的电源电压。

第三章

各种三相电动机原理与维护检修

第一节
三相交流电与三相旋转磁场

电动机中应用最广泛的就是三相交流电动机，三相交流电动机是用三相交流电产生的旋转磁场来带动电机转子旋转的。

三相交流电由 V_1、V_2、V_3 三相组成，按每个交流周期 360° 算，每相间距 120°，图 3-1 是三相交流电波形图，红色为 V_1 相波形，黄色为 V_2 相波形，蓝色为 V_3 相波形。我国使用的三相交流电频率是 50Hz。

为了说明三相异步电动机的工作原理，我们做如下演示实验，如图 3-2 所示。

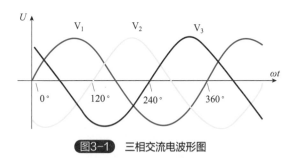

| 图3-1 | 三相交流电波形图 | 图3-2 | 三相异步电动机工作原理 |

❶ 演示实验：在装有手柄的蹄形磁铁的两极间放置一个闭合导体，当转动手柄带动蹄形磁铁旋转时，发现导体也跟着旋转；若改变磁铁的转向，则导体的转向也跟着改变。

❷ 现象解释：当磁铁旋转时，磁铁与闭合的导体发生相对运动，笼型导体切割磁力线而在其内部产生感应电动势和感应电流。感应电流又使导体受到一个电磁力的作用，于是导体就沿磁铁的旋转方向转动起来，这就是异步电动机的基本原理。

转子转动的方向和磁极旋转的方向相同。

❸ 结论：欲使异步电动机旋转，必须有旋转的磁场和闭合的转子绕组。

三相交流电与旋转磁场的变化关系可扫描二维码观看学习。

三相交流电与
旋转磁场的变化

三相同步电动机原理

一、永磁交流同步电动机

最简单的励磁方法是在产生旋转磁场的空间放一永久磁铁，该磁铁就会跟着磁场旋转了。图 3-3 就是这样一个永久磁铁转子。

把永久磁铁转子放在能产生旋转磁场的定子铁芯中，它将会跟随旋转磁场同步旋转，其转速与旋转磁场一致，故称之为同步电动机，图 3-4 便是一个永磁同步电动机的示意图。

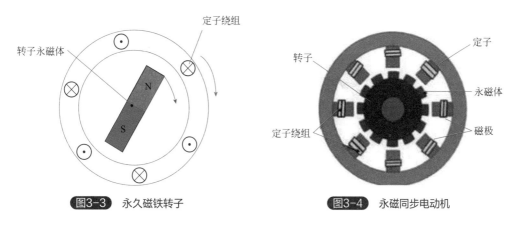

图3-3 永久磁铁转子

图3-4 永磁同步电动机

二、电励磁交流同步电动机

实际上，三相交流同步电动机转子多数是电励磁的，转子上有励磁绕组，用直流励磁电源产生固定磁场，图 3-5 便是一个电励磁三相交流同步电动机的示意图。

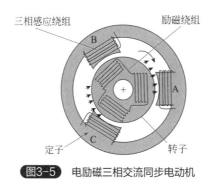

图3-5 电励磁三相交流同步电动机

该电励磁三相交流同步电动机的旋转磁场只有一对磁极，电励磁转子也是一对磁极，用 50Hz 的交流电供电时转子转速是 50r/s，即 3000r/min。两极同步电动机的转子一般采用隐极式转子。

第三节
三相异步电动机原理

一、笼型电极旋转原理

三相交流异步电动机是用三相交流电产生的旋转磁场来带动电动机转子旋转的，转子既不是永磁的，也不是线绕电磁的，在转子铁芯上镶嵌着一个"鼠笼"。图3-6是一个铜制的笼型电极，由多根导线与两个铜端环组成，导线与铜端环有良好的电连接。

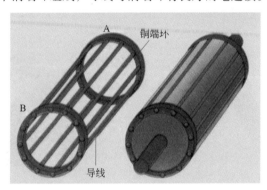

图3-6 转子的笼型电极

把笼型电极放在有旋转磁场的定子铁芯中间，在定子铁芯绕组通上三相交流电产生旋转磁场，会看到笼型电极跟着旋转磁场旋转。因为磁场旋转时，笼型电极的铜条切割磁力线产生电流，而有电流的铜条又受到磁力的作用，于是笼型电极便旋转起来。

图 3-7 ～图 3-10 是笼型电极随磁场旋转的截图，为使画面清楚，仅显示旋转磁场与笼型电极电流的方向。感生电流的方向可用右手定则判断，铜条受力方向按左手定则判断。图中标有磁力线与旋转方向，铜条端面的颜色代表电流的方向。绿色表示电流指向屏幕外，红色表示电流指向屏幕内，黄色表示无电流，电流变化用颜色变化表示。图 3-7 是电流变化周期为 0° 时磁场与电流方向。图 3-8 是电流变化周期为 90° 时磁场与电流方向。图 3-9 是电流变化周期为 180° 时磁场与电流方向。图 3-10 是电流变化周期为 270° 时磁场与电流方向。

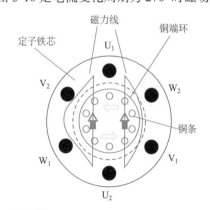

图3-7 笼型电极随磁场旋转截图（0°）

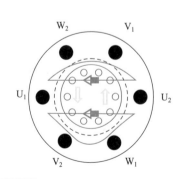

图3-8 笼型电极随磁场旋转截图（90°）

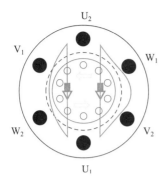

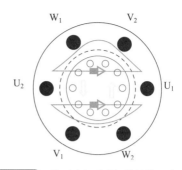

图3-9　笼型电极随磁场旋转截图（180°）　　图3-10　笼型电极随磁场旋转截图（270°）

显然，笼型电极是不可能与磁场同步旋转的，只有笼型电极比磁场转得慢才有笼型电极与磁场的相对转动，才能切割磁力线感生电流，感生电流在洛伦兹力作用下推动笼型电极异步旋转。笼型电极与磁场转速之差称为转差，转差大则感生电流大，电流大则力大，力大则增加笼型电极转速。转差与力会形成平衡，笼型电极转速将稳定在某一转差值。

二、笼型转子

为增大磁导率，笼型电极是嵌装在转子铁芯内的，图 3-11 是一个笼型转子实物图。

把笼型转子插入定子铁芯中，组成一个简易的三相交流异步电动机。通上三相交流电，电机就旋转了。由于转子旋转速度比旋转磁场慢，故称之为异步电动机。转子与旋转磁场旋转速度之差再与磁场旋转速度之比称为转差率，一般异步电动机运行时的转差率为 2% ～ 6%，输入三相交流电频率为 50Hz 时，笼型转子转速约为 2820 ～ 2940r/min。

实际应用中，三相交流异步电动机的转子铁芯外周的许多槽是用来嵌放转子绕组的，笼型感应电动机的转子绕组是笼型结构，俗称鼠笼。鼠笼由铜条或（铝条）与铜端环（铝端环）组成。但应用最广的小型异步电动机采用在转子铁芯上直接浇铸熔化的铝液形成笼型转子，在转子槽内直接形成铝条即绕组，并同时铸出散热的风叶，简单又结实，图 3-12 是铸有笼型绕组的转子。

图3-11　笼型转子实物图　　　　　图3-12　铸有笼型绕组的转子

在转子转轴上装有风扇，风扇的作用在后面介绍，这些就是异步电动机的转动部分，见图 3-13。

三、异步电动机定子

三相交流异步电动机的定子铁芯由硅钢片叠成，在铁芯内圆有许多槽，用来嵌放定子绕组，见图 3-14（a）。电动机的转子铁芯也由硅钢片叠成，在铁芯外圆有许多槽，用来嵌放转子绕组，见图 3-14（b）。图 3-14（c）是转子铁芯插入定子铁芯示意图，定子铁芯与转子铁芯之间留有气隙。

图3-13　笼型异步电动机转子

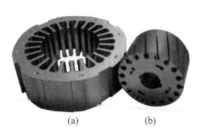

　　　(a)　　　　　　(b)　　　　　　　　(c)

图3-14　定子铁芯与转子铁芯

本电动机是 4 极电动机，输入 50Hz 三相交流电时，产生 1500r/min 的旋转磁场。定子铁芯有 24 个槽，在槽内嵌放着三相交流绕组，即定子绕组，三相绕组采用单层链式绕组，在后面介绍其展开图。图 3-15 是嵌好绕组的定子铁芯。定子绕组引线通向机座外侧的接线盒，接线盒内接线见三相交流电机绕组。

定子铁芯固定在机座上，机座外面有散热筋（散热片）帮助定子散热，机座由铸铁或铸钢铸造。图 3-16 是定子与机座图。

图3-15　嵌放绕组的定子铁芯　　　　　图3-16　剖面定子与机座

在机座两端要安装端盖，端盖起着支承转子的作用，同时密封电机。端盖中部是轴承安装孔，安装好轴承后盖上轴承盖，在电动机的后端还有风扇罩。图 3-17 是电机端盖与风扇罩。

图3-17　电机端盖与风扇罩

把转子插入定子中间，通过轴承安装在端盖上，端盖安装在机座上，装上风扇罩，一个三相交流异步电动机就组成了。接入三相交流电源后定子产生的旋转磁场就可带动笼型转子旋转。图 3-18 是笼型三相异步电动机的分解结构图。

图3-18　笼型三相异步电动机的分解结构图

机座装上端盖后，转子与定子都密封在机座内，能很好地防尘。定子与转子产生的热量由机座外壳散发，笼型转子上的风叶搅动机内空气使热量尽快传到外壳上，外壳上的散热片加大了散热面积。这还不够，在电机端盖外还装有风扇罩，风扇罩端部开有通风孔，风扇旋转时就像离心风机，空气从风扇罩端部进入，从风扇罩与端盖之间的空隙吹出，吹向机座上的散热片，大大加速了电机的散热。

图 3-19 是笼型异步电动机外观图。

图3-19　笼型异步电动机外观图

三相交流异步电动机以其结构简单、密封性好、维护容易、价格低廉而广受欢迎，应用非常广泛。

第四节
三相异步电动机的铭牌

一、三相异步电动机的铭牌

如图 3-20 所示，在接线盒上方，散热片之间有一块长方形的铭牌，电动机的一些数据一般都在电动机铭牌上标出。我们在修理时可以从铭牌上参考一些数据。

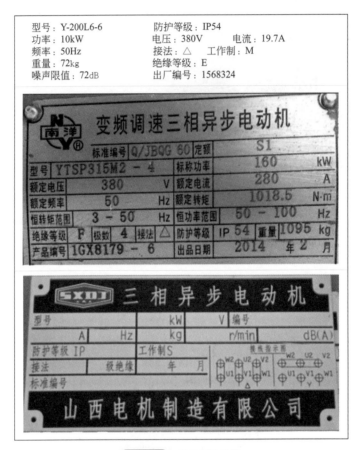

型号：Y-200L6-6　　　防护等级：IP54
功率：10kW　　　　　电压：380V　　电流：19.7A
频率：50Hz　　　　　接法：△　工作制：M
重量：72kg　　　　　绝缘等级：E
噪声限值：72dB　　　出厂编号：1568324

图3-20　电动机的铭牌

二、铭牌上主要内容的意义

1. 型号

型号 Y-200L6-6 中，Y 表示异步电动机，200 表示机座的中心高度，L 表示长机座（M 表示中机座、S 表示短机座），6 表示 6 极 2 号铁芯。电动机产品名称代号如表 3-1 所示。

表3-1　电动机产品名称代号

产品名称	新代号	汉字意义	老代号
异步电动机	Y	异	J，JO，JS，JK
绕线式异步电动机	YR	异绕	JR，JRO
防爆型异步电动机	YB	异爆	JK
高启动转矩异步电动机	YQ	异启	JQ，JGQ
高转差率滑差异步电动机	YH	异滑	JH，JHO
多速异步电动机	YD	异多	JD，JDO

在电机机座标准中，电机中心高和电机外径有一定对应关系，而电机中心高和电机外径是根据电机定子铁芯的外径来确定。当电机的类型、品种及额定数据选定后，电机定子铁芯外径

也就大致定下来，于是电机外形、安装、冷却、防护等结构均可选择确定了。为了方便选用，在表 3-2 和表 3-3 中列出了异步电动机按中心高确定机座号与额定数据的对照。

小型和中型三相异步电动机的机座号与定子铁芯外径及中心高度的关系见表 3-2 和表 3-3。

表3-2 小型异步三相电动机

机座号	1	2	3	4	5	6	7	8	9
定子铁芯外径 /mm	120	145	167	210	245	280	327	368	423
中心高度 /mm	90	100	112	132	160	180	225	250	280

表3-3 中型异步三相电动机

机座号	11	12	13	14	15
定子铁芯外径 /mm	560	650	740	850	990
中心高度 /mm	375	450	500	560	620

2. 额定功率

额定功率是指在满载运行时三相电动机轴上所输出的额定机械功率，用 P_N 表示，以千瓦（kW）或瓦（W）为单位。额定功率是电动机工作的标准，当负载小于等于 10kW 时电动机才能正常工作，大于 10kW 时电动机比较容易损坏。

3. 额定电压

额定电压是指接到电动机绕组上的线电压，用 U_N 表示。三相电动机要求所接的电源电压值的变动一般不应超过额定电压的 ±5%。电压高于额定电压时，电动机在满载的情况下会引起转速下降，电流增加使绕组过热电动机容易烧毁；电压低于额定电压时，电动机最大转矩也会显著降低，电动机难以启动，即使启动后电动机也可能带不动负载，容易烧坏。额定电压 380V 是说明该电动机为三相交流电 380V 供电。

4. 额定电流

额定电流是指三相电动机在额定电源电压下，输出额定功率时，流入定子绕组的线电流，用 I_N 表示，以安（A）为单位。若超过额定电流过载运行，三相电动机就会过热乃至烧毁。

三相异步电动机的额定功率与其他额定数据之间有如下关系式：

$$P_N = \sqrt{3}\, U_N I_N (\cos\phi_N)\eta_N$$

式中 $\cos\phi_N$ ——额定功率因数；

η_N ——额定效率。

另外，三相电动机功率与电流的估算可用"1kW 电流为 2A"的估算方法。例：功率为 10kW，电流为 20A（实际上略小于 20A）。

由于定子绕组的连接方式的不同，额定电压不同，电动机的额定电流也不同。例：一台电机额定功率为 10kW 时，其绕组作三角形连接时，额定电压为 220V，额定电流为 70A；其绕组作星形连接时额定电压为 380V，额定电流为 72A。也就是说铭牌上标明：接法——三角形 / 星形；额定电压——220/380V；额定电流——70/72A。

5. 额定频率

额定频率是指电动机所接的交流电源每秒内周期变化的次数，用 f 表示。我国规定标准电源频率为 50Hz。频率降低时转速降低定子电流增大。

6. 额定转速

额定转速表示三相电动机在额定工作情况下运行时每分钟的转速，用 n_N 表示，一般是略小于对应的同步转速 n_1。如 n_1=1500r/min，则 n_N=1440r/min。异步电动机的额定转速略低于同步电动机。

7. 接法

接法是指电动机在额定电压下定子绕组的连接方法。三相电动机定子绕组的连接方法有星形（Y）和三角形（△）两种。定子绕组的连接只能按规定方法连接，不能任意改变接法，否则会损坏三相电动机。一般 3kW 以下的电动机为星形（Y）接法；在 4kW 以下的电动机为三角形（△）接法。

8. 防护等级

防护等级表示三相电动机外壳的防护等级，其中 IP 是防护等级标志符号，其后面的两位数字分别表示电机防固体和防水能力。如表 3-4 所示，数字越大，防护能力越强，如 IP44 中第一位数字"4"表示电机能防止直径或厚度大于 1mm 的固体进入电机内壳，第二位数字"4"表示能承受任何方向的溅水。

表3-4（a） IP后面第二位数的含义

IP 后面第二位数	防护等级	
	简述	含义
0	无防护电动机	无专门防护
1	防滴电动机	垂直滴水应无有害影响
2	15° 防滴电动机	当电动机从正常位置向任何方向倾斜 15° 以内任何角度时，垂直滴水没有有害影响
3	防淋水电动机	与垂直线成 60° 范围以内的淋水应无有害影响
4	防溅水电动机	承受任何方向的溅水应无有害影响
5	防喷水电动机	承受任何方向的喷水应无有害影响
6	防海浪电动机	承受猛烈的海浪冲击或强烈喷水时，电动机的进水量应不达到有害的程度
7	防水电动机	当电动机没入规定压力的水中规定时间后，电动机的进水量应不达到有害的程度
8	潜水电动机	电动机在制造厂规定条件下能长期潜水。电动机一般为潜水型，但对某些类型电动机也可允许水进入，但应达到不到有害的程度

表3-4（b） IP后面第一位数含义

IP 后面第一位数	防护等级	
	简述	含义
0	无防护电动机	无专门防护的电动机
1	防护大于 50mm 固体的电动机	能防止大面积的人体（如手）偶然或意外地触及或接近壳内带电或转动部件（但不能防止故意接触）； 能防止直径大于 50mm 的固体异物进入壳内
2	防护大于 12.5mm 固体的电动机	能防止手指或长度不超过 80mm 的类似物体触及或接近壳内带电或转动部件； 能防止直径大于 12.5mm 的固体异物进入壳内

续表

IP 后面第一位数	防护等级	
	简述	含义
3	防护大于 2.5mm 固体的电动机	能防止直径大于2.5mm 的工件或导线触及或接近壳内带电或转动部件；能防止直径大于 2.5mm 的固体异物进入壳内
4	防护大于 1mm 固体的电动机	能防止直径或厚度大于 1mm 的导线或片条触及或接近壳内带电或转动部件；能防止直径大于 1mm 的固体异物进入壳内
5	防尘电动机	能防止触及或接近壳内带电或转动部件，进尘量不足以影响电动机的正常运行

9. 绝缘等级

绝缘等级是根据电动机的绕组所用的绝缘材料，按照它的允许耐热程度规定的等级。绝缘材料按其耐热程度可分为 A、E、B、F、H 等级。其中，A 级允许的耐热温度最低为 60℃，极限温度是 105℃；H 级允许的耐热温度最高为 125℃，极限温度是 150℃，见表 3-5。电动机的工作温度主要受到绝缘材料的限制。若工作温度超出绝缘材料所允许的温度，绝缘材料就会迅速老化，使其使用寿命大大缩短。修理电动机时所选用的绝缘材料应符合铭牌规定的绝缘等级。根据统计，我国各地的绝对最高温度一般在 35 ～ 40℃ 之间，因此在标准中规定 +40℃ 作为冷却介质的最高标准。温度的测量主要包括以下三种。

（1）冷却介质温度的测量 所谓冷却介质，是指能够直接或间接地把定子和转子绕组、铁芯以及轴承的热量带走的物质，如空气、水和油类等。靠周围空气来冷却的电机，冷却空气的温度（一般指环境温度）可用放置在冷却空气进入电机途径中的几支膨胀式温度计（不少于 2 支）测量。温度计球部所处的位置，离电机 1 ～ 2m，并不受外来辐射热及气流的影响。温度计选用分度为 0.2℃或 0.5℃，量程为 0 ～ 50℃。

（2）绕组温度的测量 电阻法是测定绕组温升公认的标准方法。1000kW 以下的交流电机几乎都只用电阻法来测量。电阻法是利用电动机的绕组在发热时电阻的变化，来测量绕组的温度，具体方法是利用绕组的直流电阻，在温度升高后电阻值相应增大的关系来确定绕组的温度，其测得的是绕组温度的平均值。冷态时的电阻（电机运行前测得的电阻）和热态时的电阻（运行后测得的电阻）必须在电机同一出线端测得。绕组冷态时的温度在一般情况下，可以认为与电机周围环境温度相等。这样就可以计算出绕组在热态的温度了。

（3）铁芯温度的测量 定子铁芯的温度可用几只温度计沿电机轴向贴附在铁芯轭部测量，以测得最高温度。对于封闭式电机，温度计允许插在机座吊环孔内。铁芯温度也可用放在齿底部的铜 - 康铜热电偶或电阻温度计测量。

表3-5 三相异步电动机的最高允许温度
单位：℃

电机部位		A 级		E 级		B 级		F 级		H 级	
		温度计法	电阻法	温度计法	电阻法	温度计法	电阻法	温度计法	电阻法	温度计法	电阻法
定子绕组		55	60	65	75	70	80	85	100	102	125
转子绕组	绕线型	55	60	65	75	70	80	85	100	102	125
	笼型										

续表

电机部位	A 级		E 级		B 级		F 级		H 级	
	温度计法	电阻法	温度计法	电阻法	温度计法	电阻法	温度计法	电阻法	温度计法	电阻法
定子铁芯	60		75		80		100		125	
滑环	60		70		80		90		100	
滑动轴承	40		40		40		40		40	
滚动轴承	55		55		55		35		55	

对于正常运行的电机，理论上在额定负荷下其温升应与环境温度的高低无关，但实际上还是受环境温度等因素影响的。

❶ 当气温下降时，正常电机的温升会稍许减少。这是因为绕组电阻 r 下降，铜耗减少。温度每降 $1℃$，r 约降 0.4%。

❷ 对自冷电机，环境温度每增加 $10℃$，则温升增加 1.5 ～ $3℃$。这是因为绕组铜损随气温上升而增加，所以气温变化对大型电机和封闭电机影响较大。

❸ 空气湿度每高 10%，因导热改善，温升可降 0.07 ～ $0.38℃$，平均为 $0.19℃$。

❹ 海拔以 1000m 为标准，每升 100 m，温升增加温升极限值的 1%。

❺ 电机其他部位的温度限度。

a. 滚动轴承温度应不超过 $95℃$，滑动轴承的温度应不超过 $80℃$。因温度太高会使油质发生变化和破坏油膜。

b. 机壳温度实践中往往以不烫手为准。

c. 笼型转子表面杂散损耗很大，温度较高，一般以不危及邻近绝缘为限。可预先刷上不可逆变色漆来估计。

10. 工作定额

工作定额指电动机的工作方式，即在规定的工作条件下持续时间或工作周期。电动机运行情况根据发热条件分为三种基本方式：连续运行（S1）、短时运行（S2）、断续运行（S3）。

（1）连续运行（S1） 按铭牌上规定的功率长期运行，但不允许多次断续重复使用，如水泵、通风机和机床设备上的电动机使用方式都是连续运行。

（2）短时运行（S2） 每次只允许规定的时间内按额定功率运行（标准的负载持续时间为 10min、30min、60min 和 90min），而且再次启动之前应有符合规定的停机冷却时间，待电动机完全冷却后才能正常工作。

（3）断续运行（S3） 电动机以间歇方式运行，标准负载持续率分为 4 种：15%、25%、40%、60%。每周期为 10min（例如 25% 为工作 2.5min，停车 7.5min）。如吊车和起重机等设备上用的电动机就是断续运行方式。

11. 噪声限值

噪声指标是 Y 系列电动机的一项新增加的考核项目。电动机噪声限值分为 N 级（普通级）、R 级（一级）、S 级（优等级）和 E 级（低噪声级）共 4 个级别。R 级噪声限值比 N 级低 5dB（分贝），S 级噪声限值比 N 级低 10dB，E 级噪声限值比 N 级低 15dB，表 3-6 中列出了 N 级的噪声限值。

表3-6　Y系列三相异步电动机N级噪声限值

功率 /kW	转速 / (r/min)					
	960 及以下	>960～1320	>1320～1900	>1900～2360	>2360～3150	>3150～3750
	声音功率级别 /dB（A）					
1.1 及以下	76	78	80	82	84	88
＞1.1～2.2	79	80	83	86	88	91
＞2.2～5.5	82	84	87	90	92	95
＞5.5～11	85	88	91	94	96	99
＞11～22	88	91	95	98	100	102
＞22～37	91	94	97	100	103	104
＞37～55	93	97	99	102	105	106
＞55～110	96	100	103	105	107	108

12. 标准编号

标准编号表示电动机所执行的技术标准。其中"GB"为国家标准，"JB"为机械部标准，后面的数字是标准文件的编号。各种型号的电动机均按有关标准进行生产。

13. 出厂编号及日期

这是指电动机出厂时的编号及生产日期。据此我们可以直接向厂家索要该电动机的有关资料，以供使用和维修时作参考。

第五节
三相电动机的维修项目与常见故障排除

一、电机检修项目标准

1. 小修与大修

除了加强电机的日常维护外，电机每年还必须进行几次小修和一次大修。

（1）电动机小修的项目

❶ 清除电动机外壳上的灰尘污物以利于散热。

❷ 检查接线盒压线螺钉有无松动或烧伤。

❸ 拆下轴承盖检查润滑油，缺了补充，脏了更新。

❹ 清扫启动设备，检查触点和接线头，特别是铜铝接头处是否烧伤、电蚀，三相触点是否动作一致，接触良好。

（2）电动机大修的项目

❶ 将电动机拆开后，先用皮老虎将灰尘吹走，再用干布擦净油污，擦完后再吹一遍。

❷ 刮去轴承旧油，将轴承浸入柴油洗刷干净再用干净布擦干，同时洗净轴承盖。检查过的轴承如可以继续使用，则应加新润滑油。对 3000r/min 的电动机，加油至 1/3 为宜；对 1500r/min 的电动机，加油至 2/3 为宜。对 1500r/min 以上的电动机，一般加钙钠基脂高速黄油；

对 1000r/min 以下的低速电动机，通常加钙基脂黄油。

❸检查电动机绕组绝缘是否老化，老化后颜色变成棕色，发现老化要及时处理。

❹用摇表检查电动机相间及各相对铁芯的绝缘，对低压电动机，用 500V 摇表检查，绝缘电阻小于 0.5MΩ 时，要烘干后再用。

2. 电动机的完好标准

（1）运行正常

❶电流在容许范围以内，出力能达到铭牌要求；

❷定子、转子温升和轴承温度在容许范围以内；

❸滑环、整流子运行时的火花在正常范围内；

❹电动机的振动及轴向窜动不大于规定值。

（2）构造无损，质量符合要求

❶电动机内无明显积灰和油污；

❷线圈、铁芯、槽楔无老化、松动、变色等现象。

（3）主体完整清洁，零附件齐全好用

❶外壳上应有符合规定的铭牌；

❷启动、保护和测量装置齐全，选型适当，灵活好用；

❸电缆头不漏油，敷设合乎要求；

❹外观整洁，轴承无漏油，零附件和接地装置齐全。

（4）技术资料齐全准确，应具有：

❶设备履历卡片；

❷检修和试验记录。

二、三相异步电动机常见故障处理

三相异步电动机常见故障及处理办法见表 3-7。

表3-7 三相异步电动机常见故障及处理办法

故障	产生原因	处理办法
电动机不能启动或带负载运行时转速低于额定值	（1）熔丝烧断；开关有一相在分开状态，或电源电压过低 （2）定子绕组中或外部电路中有一相断线 （3）绕线异步电动机转子绕组及其外部电路（滑环、电刷、线路及变阻器等）有断路、接触不良或焊接点脱焊等现象 （4）笼型电动机转子断条或脱焊，电动机能空载启动，但不能加负载启动运转 （5）将△接线接成 Y 接线，电动机能空载启动，但不能满载启动 （6）电动机的负载过大或传动机构被卡住 （7）过流继电器整定值调得太小	（1）检查电源电压和开关、熔丝的工作情况，排除故障 （2）检查定子绕组中有无断线，再检查电源电压 （3）用兆欧表检查转子绕组及其外部电路中有无断路；检查各连接点是否接触紧密可靠，电刷的压力及与滑环的接触面是否良好 （4）将电动机接到电压较低（约为额定电压的 15%～30%）的三相交流电源上，同时测量定子的电流。如果转子绕组有断条或脱焊，随着转子位置不同，定子电流也会产生变化 （5）按正确接法改正接线 （6）选择较大容量的电动机或减少负载；如传动机构被卡住，应排除故障 （7）适当提高整定值
电动机三相电流不平衡	（1）三相电源电压不平衡 （2）定子绕组中有部分线圈短路 （3）重换定子绕组后，部分线圈匝数有错误 （4）重换定子绕组后，部分线圈之间有接线错误	（1）用电压表测量电源电压 （2）用电流表测量三相电流或拆开电动机用手检查过热线圈 （3）用双臂电桥测量各相绕组的直流电阻，如阻值相差过大，说明线圈有接线错误，应按正确方法改接 （4）按正确的接线法改正接线错误

续表

故障	产生原因	处理办法
电动机温升过高或冒烟	（1）电动机过载 （2）电源电压过高或过低 （3）定子铁芯部分硅钢片之间绝缘不良或有毛刺 （4）转子运转时和定子相擦，致使定子局部过热 （5）电动机的通风不好 （6）环境温度过高 （7）定子绕组有短路或接地故障 （8）重换线圈的电动机，由于接线错误或绕制线圈时有匝数错误 （9）单相运转 （10）电动机受潮或浸漆后未烘干 （11）接点接触不良或脱焊	（1）降低负载或更换容量较大的电动机 （2）调整电源电压 （3）拆开电动机检修定子铁芯 （4）检查转子铁芯是否变形，轴是否弯曲，端盖的止口是否过松，轴承是否磨损 （5）检查风扇是否脱落，旋转方向是否正确，通风孔道是否堵塞 （6）换绝缘等级较高的 B 级、F 级电动机或采取降温措施 （7）用电桥测量各相线圈或各元件的直流电阻，用兆欧表测量对机壳的绝缘电阻，局部或全部更换线圈 （8）按正确图纸检查和改正 （9）检查电源和绕组，排除故障 （10）彻底烘干 （11）仔细检查各焊点，将脱焊点重焊
电刷冒火，滑环过热或烧坏	（1）电刷的牌号或尺寸不符 （2）电刷压力不足或过大 （3）电刷与滑环接触面不够 （4）滑环表面不平、不圆或不清洁 （5）电刷在刷握内轧住	（1）按电机制造厂的规定更换电刷 （2）调整电刷压力 （3）仔细研磨电刷 （4）修理滑环 （5）磨小电刷
电机有不正常的振动和响声	（1）电动机的地基不平，电动机安装得不符合要求 （2）滑动轴承的电动机轴颈与轴承的间隙过小或过大 （3）滚动轴承在轴上装配不良或轴承损坏 （4）电动机转子或轴上所附有的带轮、飞轮、齿轮等不平衡 （5）转子铁芯变形或轴弯曲 （6）电动机单相运转，有"嗡嗡"声 （7）转子风叶碰壳 （8）轴承严重缺油	（1）检查地基及电动机安装情况，并加以纠正 （2）检查滑动轴承的情况 （3）检查轴承的装配情况或更换轴承 （4）做静平衡或动平衡试验 （5）将转子在车床上用千分表找正 （6）检查熔丝及开关接触点，排除故障 （7）校正风叶，旋紧螺钉 （8）清洗轴承加新油，注意润滑脂的量不宜超过轴承室容积的 70%
轴承过热	（1）轴承损坏 （2）轴承与轴配合过松或过紧 （3）轴承与端盖配合过松或过紧 （4）滑动轴承油环磨损或转动缓慢 （5）润滑油过多、过少或油太脏，混有铁屑沙尘 （6）带过紧或联轴器装得不好 （7）电动机两侧端盖或轴承盖未装平	（1）更换轴承 （2）过松时在转轴上镶套，过紧时重新加工到标准尺寸 （3）过松时在端盖上镶套，过紧时重新加工到标准尺寸 （4）查明磨损处，修好或更换油环。油质太稠时，应换较稀的润滑油 （5）加油或换油，润滑脂的容量不宜超过轴承室容积的 70% （6）调整带张力，校正联轴器传动装置 （7）将端盖或轴承盖止口装平，旋紧螺钉

当电动机发生故障时，应仔细观察所发生的现象，并迅速关断电源，然后根据故障情况分析原因，并找出处理办法。

三、三相异步电动机定子绕组的检修

三相异步电动机定子的故障可分为断路、通地、短路和接反等故障，现分述如下。

1. 绕组断路故障的检修

断路故障多发生于电动机绕组的端部、各绕组元件的接线头或电动机引出线端等地方，因此首先要检查这些地方。如果发现断头或接头松脱时，应把导线连接并焊牢，包上新的绝缘材料，才可使用。如果是由绕组匝间短路、通地等故障而造成的断路，一般需要更换绕组。

对电动机断路可用兆欧表、万用表（放在低电阻挡）或校验灯等来校验。对于△形接法的电动机，检查时，需每相分别测试，见图3-21（a）。对于Y形接法的电动机，检查时必须先把三相绕组的接头拆开，再每相分别测试，见图3-21（b）。

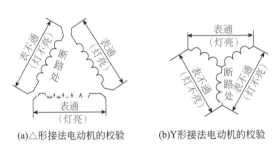

(a)△形接法电动机的校验　　(b)Y形接法电动机的校验

图3-21 用兆欧表或校验灯检查绕组断路

中等容量电动机绕组大多采用多根导线并绕和多支路并联，如果其中有一部分断路时，可采用三相电流平衡法或电阻法来检查。

三相电流平衡法，对于Y形接法的电动机，将三相绕组并联，通入低压大电流（电流≤额定值），如果三相电流值相差大于5%，电流小的一相为断路相，见图3-22（a）。对于△形接法的电动机，需拆开接头，分别测量每相绕组的两端，其中电流小的一相为断路相，见图3-22（b）。

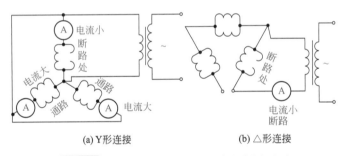

(a)Y形连接　　　　　　(b)△形连接

图3-22 用三相电流平衡法检查多支路绕组断路

2. 绕组通地故障的检修

线圈受潮、绝缘老化、线圈重绕后在嵌入定子铁芯里的时候，如绝缘被擦伤或绝缘未垫好等，都会造成通地故障。

检查通地故障可用万用表（低电阻挡）或校验灯按图3-23逐相进行检查，电阻为零或者校验灯发亮的相，即为通地相。然后检查通地相绕组绝缘，如果有破裂及焦痕的地方，即为通地点。一般电动机通地点都在绕组伸出铁芯的槽口部分。如为擦伤，可用绝缘材料将绕组与铁芯绝缘修好，即可使用。如果通地发生在槽内，大多数需更换绕组。

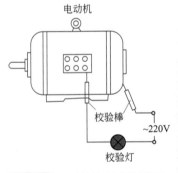

图3-23 用校验灯检查绕组通地

3. 绕组短路故障的检修

电机绕组受潮，线圈绝缘损伤、老化，较长时间在过电压、欠电压、过载的情况下运行或单相运行，都会使绕组短路。

短路的情况有几种：线圈匝间短路；相邻线圈间短路；一个极相组线圈的两个端子间短路；相间短路；等等。

常用的检查方法有：

（1）观察法　电动机发生短路故障后，在故障处由于电流大，产生高热，使导线外面的绝缘老化焦脆，所以观察电动机线圈是否有烧焦痕迹，即可找出短路处。

（2）利用兆欧表或万用表检查相间绝缘　如果两相间绝缘电阻很低，就说明该两相短路。

（3）电流平衡法　分别测量三相绕组电流，电流大的相为短路相。

4. 绕组接反故障的检修

电动机绕组接反后启动时，电动机有噪声，产生振动，三相电流严重不平衡，电动机过热，转速降低，甚至会停转，烧断熔丝。

绕组接反只有两种情况：一种是电动机内部个别线圈或极相组接反；另一种是电动机外部接线接反。

（1）个别线圈或极相组接反时的检查方法　拆开电动机，将一个低压直流电源（6V左右）接入某相绕组内，用一只指南针搁到铁芯槽上逐槽移动检查，如果指南针在每极相组的方向交替变化，表示接线正确；如果在相邻的极相组指南针指向相同，表示极相组接反；如在同一个极相组中，指南针的指向交替变化，说明有个别绕组嵌反。

（2）三相绕组头尾接反的检查方法

❶ 绕组串联检查法：将任意两相绕组串联起来接上灯泡，再在第三相绕组上接220V交流电压（对中、大型电机用36V交流电压），如果灯泡亮了，说明这两相绕组头尾连接是正确的（图3-24），如果灯泡不亮，说明这两相绕组头尾连接错误，可将其中一相的头尾对调再试。确定这两相的头尾后，即可按此法再找到第三相的头尾。

❷ 用万用表检查法：将电动机绕组按图3-25所示接好。当接通开关瞬间，如万用表（放毫安挡）指针摆向大于零的一边，则电池正极所接线头与万用表正端所接线头同为头或尾；如指针反向摆动，则电池正极所接线头与万用表负端所接的线头同为头或尾。再将电池或万用表接至另一相的两个线头试验，就可以确定各相的头、尾端。

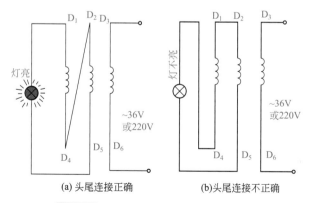

(a) 头尾连接正确　　(b) 头尾连接不正确

图3-24 用灯泡检验三相绕组接头的正反

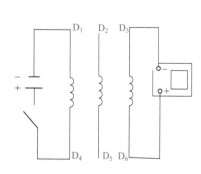

图3-25 用万用表检验三相绕组接头的正反

4

第四章

常用三相电机绕组重绕与修理技术

第一节
三相电动机绕组及嵌线步骤

一、绕组形式

绕组的结构形式是多种多样的，常用的有单层绕组和双层绕组。

单层绕组没有层间绝缘，不会发生槽内相间击穿故障，绕组嵌线方便。这种绕组一般应用在小容量电动机中。单层绕组有同心式和链式绕组两大类。

双层绕组的优点是绕组制造方便，可任意选用合适的短距绕组，改善启动性能及力学性能指标。容量较大的电动机大多采用双层绕组。

二、绕组接线

维修电动机应根据所拆电动机原来绕组的连接方法进行接线。绕组接线完成后，应仔细检查接线是否有错误，绝缘是否有损坏（尤其是仔细查引出线和铁壳是否短路）。如果无问题，就可以浸漆、烘干了。如果在拆除绕组时未做记录，或记录丢失，应根据以下几个要点进行接线。

❶ 三相异步电动机定子中有三个独立绕组（即三相）、三相绕组的每相组数相同，相与相之间在槽内分布间隔为 120° 电角度。电角度与空间角度之间的关系为：电角度 = 极对数 × 空间角度。

例如 36 槽、4 极电动机，第一相绕组从第 1 槽开始，第二相绕组应在第一相绕组后面 120° 电角度，因为槽之间的角度为 $\frac{360°}{36}=10°$ 空间角度，4 极为两极对，所以只需相隔 6 个槽，就间隔 120° 电角度，亦即第二相绕组从第 7 槽开始，第三相绕组从第 13 槽开始，依此类推定子槽展开图见图 4-1 和图 4-2。

❷ 绕组的节距 $\leqslant \frac{槽数}{极数}$，当绕组的节距等于极距时，称为整距绕组。例如 36 槽、4 极电动机的极距为 $\frac{36}{4}=9$ 槽。例如在上例中，取节距为 7，这时绕组两边放置在第 1 槽到 1+7=8 槽中。

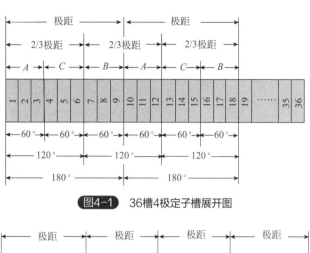

图4-1 36槽4极定子槽展开图

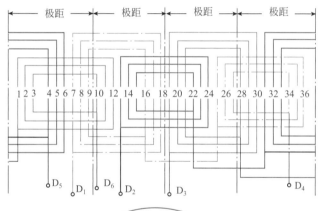

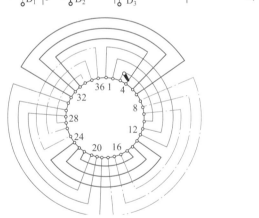

图4-2 36槽4极二平面同心式绕组展开图

（$q=3$　$a=1$　跨距1—12，2—11）

❸ 每一个极相组（俗称一联）的线圈$q = \dfrac{槽数}{相数 \times 极数}$大都是整数，也有是分数的，采用分数时，一定要在定子槽内均匀分布。以 36 槽、4 极电动机为例，$q = \dfrac{36}{3 \times 4} = 3$，即可以 3 只绕组串联成一个极相组（一联），必须指出，在 q 不变的情况下，双层绕组每相的极相组数（联数）就等于极数，而单层绕组每相的极相组数（联数）等于极对数。

❹ 每一个极相组的线圈，两个线圈边应该在整个定子槽圆周中呈磁极数等分的分布状态。由于相隔空间角度 $= \dfrac{360°}{极数}$，所以可以算出，2 极的电动机，相隔的空间角度为 $\dfrac{360°}{2} = 180°$，例如24槽、2极电动机，一个极相组从第 1 槽开始，第二个极相组则从第 13 槽开始；而 24 槽、

4 极电动机，相隔空间角度为 $\dfrac{360°}{4}=90°$ ，第一个极相组从第 1 槽开始，第二个极相组则从第 7 槽开始，第三个极相组则从第 13 槽开始。

❺ 一相极相组的接法，与极相组的分布情况、磁极数和并联路数有关。在并联路数确定的条件下，绕组端部的接线方法是由磁极极性来确定的。换句话说，绕组接线的行进方向，必须符合绕组内的电流方向，要使电流都是相加，而不能抵消。每一个极相组的两个线圈边所通过的电流方向（其方向即磁极方向）数应与磁极数相同。

下面列举几种电动机的接线方法供参考，如图 4-3～图 4-6 所示。

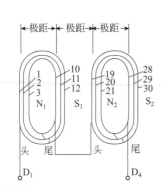

图4-3 单层同心式绕组一相连接图

（Z=36 2P=4 a=1）

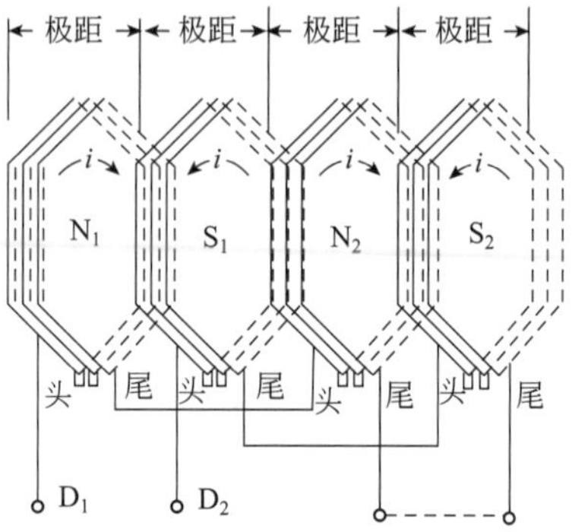

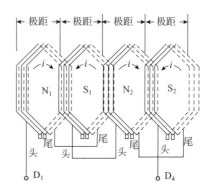

图4-4 双层叠绕组"正串"接法（以一相为例）

（Z=36 2P=4 a=1）

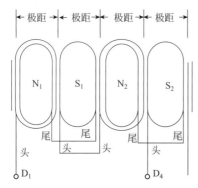

图4-5 单层叉式链形绕组"反串"接线示意图

（Z=36 2P=4 a=1）

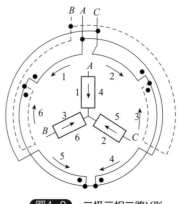

图4-6 双层叠绕组"反串"接线示意图

（Z=36 2P=4 a=1）

电动机接线实例如图 4-7～图 4-22 所示。

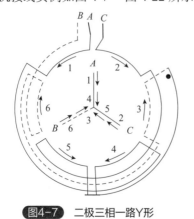

图4-7 二极三相一路Y形

图4-8 二极三相二路Y形

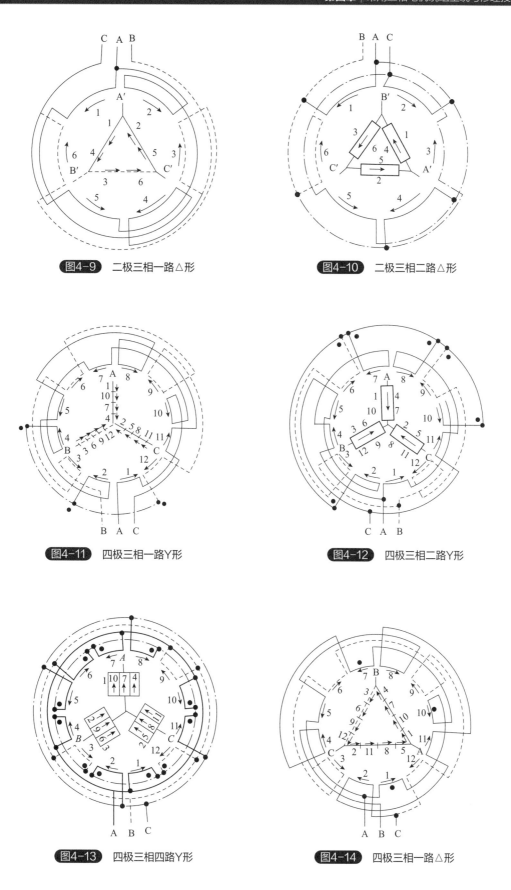

图4-9　二极三相一路△形

图4-10　二极三相二路△形

图4-11　四极三相一路Y形

图4-12　四极三相二路Y形

图4-13　四极三相四路Y形

图4-14　四极三相一路△形

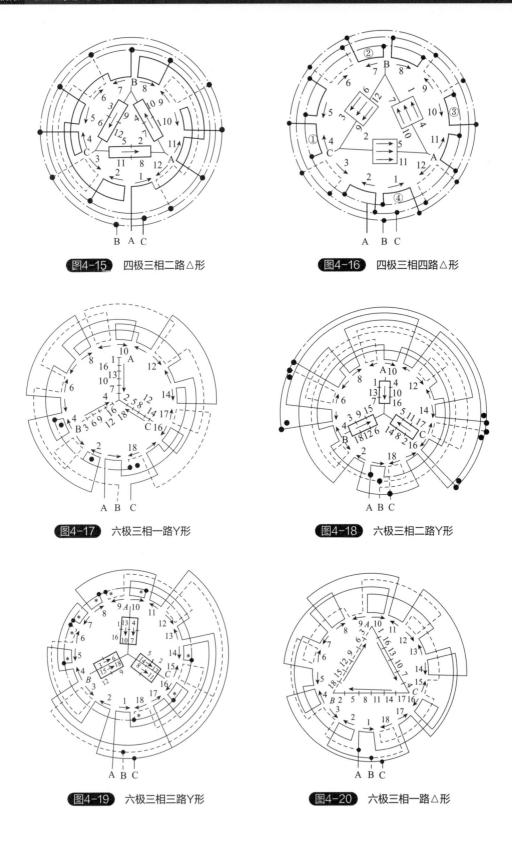

图4-15 四极三相二路△形

图4-16 四极三相四路△形

图4-17 六极三相一路Y形

图4-18 六极三相二路Y形

图4-19 六极三相三路Y形

图4-20 六极三相一路△形

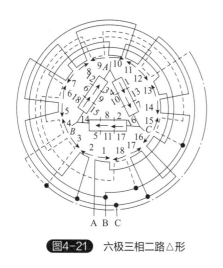

图4-21 六极三相二路△形

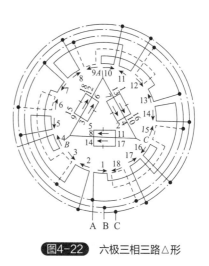

图4-22 六极三相三路△形

第二节
单层链式绕组展开图及嵌线步骤

一、2极6槽单层三相绕组

最简单、最基本的绕组模式是 2 极 6 槽三相绕组，其极距是 3，相带宽度是 1。

设 1、2、3 槽为 N 极，4、5、6 槽为 S 极，每极下有 3 个相带，在 N 极与 S 极下的同一个相带的槽连成线圈，相邻相带的绕向应相反。如图 4-23 所示，图中蓝色线圈是 V 相绕组，绿色线圈是 U 相绕组，红色线圈是 W 相绕组。

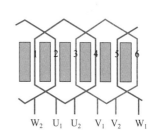

图4-23 2极6槽单层链式绕组展开图

二、2极12槽单层链式绕组

6 槽电机的铁芯利用率太低，仅用于讲解原理，较实用的三相电机至少是 12 槽。下面介绍一个 2 极 12 槽三相电机的单层链式绕组。

简单计算得到该电机的极距是 6，相带宽度是 2。图 4-24 是 2 极 12 槽三相电机的绕组圆形图，设 1～6 槽为 N 极，7～12 槽为 S 极。

在 N 极与 S 极下各有 U、V、W 三个相带，把 N 极与 S 极下的同一个相带的槽连成线圈。槽 1 与槽 8 为一个线圈，槽 1 为首端，槽 2 与槽 7 为一个线圈，槽 2 为首端，两线圈首尾相连接，组成 U 相绕组，保证同一绕组的各个有效边在同性磁极下的绕向相同（电流方向相同），在异性磁极下的绕向则相反。V 相绕组与 W 相绕组按相同方法连接组成。相邻相带的线圈绕向相反，见图 4-24。

各相绕组的电源引出线应相隔120°的电角度，在2极电机中电角度与机械角度相同，为120°，选取2槽为U_1端、选取10槽为V_1端、选取6槽为W_1端；那么8槽为U_2端、4槽为V_2端、12槽为W_2端。

图4-25是2极12槽单层链式绕组展开图。图中蓝色线圈是V相绕组，绿色线圈是U相绕组，红色线圈是W相绕组。

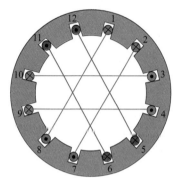

图4-24 2极12槽单层链式绕组圆形图

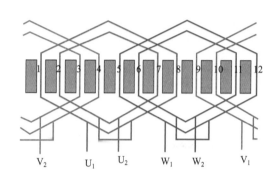

图4-25 2极12槽单层链式绕组展开图

（1）绕组参数　定子槽数Z=12　每组圈数S=1　并联路数a=1　电机极数$2P$=2　极相槽数q=2　线圈节距Y=1—6　总线圈数Q=6　绕组极距τ=4　绕组系数K=-0.964　绕圈组数n=6　每槽电角度α=30°

（2）嵌线方法　可采用两种方法嵌线，见表4-1和表4-2。

表4-1　2极12槽单层链式绕组交叠法													
嵌线次序		1	2	3	4	5	6	7	8	9	10	11	12
嵌入槽号	先嵌边	7	9	11		1		3		5			
	后嵌边				6		8		10		12	2	4

因12槽定子均为微型电机，内塑窄小。用交叠式嵌线较困难时，常改用整圈嵌线而形成端部三平面绕组，嵌线顺序见表4-2。

表4-2　2极12槽单层链式绕组整嵌法													
嵌线次序		1	2	3	4	5	6	7	8	9	10	11	12
嵌入槽号	下层	1	8	2	7								
	中平面					3	10	4	9				
	上层									12	5	6	11

（3）绕组特点与应用　绕组采用显极接线，每组只有一只线圈，每相由两只线圈反接串联而成。此绕组应用于微电机，如小功率三相异步电动机、电泵用三相小功率电动机等。

三、4极24槽单层链式绕组

（1）4极24槽单层链式绕组展开图　见图4-26。

（2）4极24槽单层链式绕组布线接线图　见图4-27。

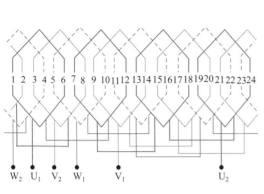

| 图4-26 | 4极24槽单层链式绕组展开图 | 图4-27 | 4极24槽单层链式绕组布线接线图 |

（3）绕组参数　定子槽数 $Z=24$　每组圈数 $S=1$　并联路数 $a=1$　电机极数 $2P=4$　极相槽数 $q=2$　线圈节距 $Y=1—6$　总线圈数 $Q=12$　绕组极距 $\tau=6$　绕组系数 $K=0.966$　绕圈组数 $n=12$　每槽电角度 $\alpha=30°$

（4）嵌线方法　嵌线可用交叠法或整嵌法。

❶ 交叠法　交叠法嵌线吊 2 边，嵌入 1 槽空出 1 槽，再嵌 1 槽，再空出 1 槽，按此规律将全部线圈嵌完。嵌线顺序如表 4-3 所示。

表4-3　4极24槽单层链式绕组交叠法																								
嵌线次序	1	2	3	4	5	6	7	8	9	10	11	12	13	14	15	16	17	18	19	20	21	22	23	24
嵌入槽号 先嵌边	1	23	21		19		17		15		13		11		9		7		5		3			
后嵌边				2		24		22		20		18		16		14		12		10		8	6	4

❷ 整嵌法　因系显极绕组，采用整嵌将构成三平面绕组。操作时采用分相整嵌，将一相线圈嵌入相应在槽内，垫好绝缘再嵌第 2 相、第 3 相，嵌线顺序如表 4-4 所示。

表4-4　4极24槽单层链式绕组整嵌法																
嵌线次序	1	2	3	4	5	6	7	8	9	10	11	12	13	14	15	16
槽号 下层	19	24	13	18	7	12	1	4								
中平面									23	4	17	22	11	16	5	10
上层																
嵌线次序	17	18	19	20	21	22	23	24								
槽号 下层																
中平面																
上层	3	8	21	2	15	20	9	14								

（5）绕组特点与应用　本例是 4 极电机采用的布线形式之一，无论是一般用途电动机或专用电动机都较多地采用。

四、6极36槽单层链式绕组

（1）6 极 36 槽单层链式绕组展开图　见图 4-28。

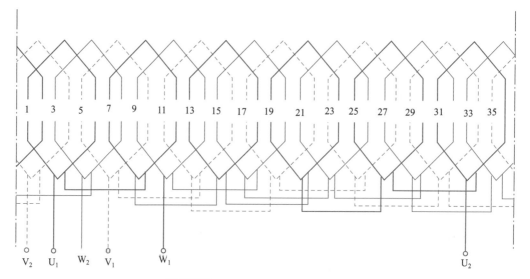

图4-28 6极36槽单层链式绕组展开图

（2）6极36槽单层链式绕组布线接线图　见图4-29。

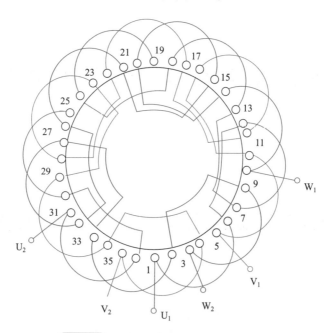

图4-29　6极36槽单层链式绕组布线接线图

（3）绕组参数　定子槽数 $Z=36$　每组圈数 $S=1$　并联路数 $a=1$　电机极数 $2P=6$　极相槽数 $q=2$　线圈节距 $Y=1—6$　总线圈数 $Q=18$　绕组极距 $\tau=6$　绕组系数 $K=0.966$　绕圈组数 $n=18$　每槽电角度 $\alpha=30°$

（4）嵌线方法　嵌线可用交叠法或整嵌法，整嵌法嵌线是不用吊边的，但只能分相整嵌线，构成三平相绕组。此方法较少采用，交叠法嵌线吊边数为2，第3线圈即可整嵌，嵌线并不会感到困难，嵌线顺序如表4-5所示。

表4-5 6极36槽单层链式绕组交叠法

嵌线次序		1	2	3	4	5	6	7	8	9	10	11	12	13	14	15	16	17	18
嵌入槽号	先嵌边	1	35	33		31		29		27		25		23		21		19	
	后嵌边				2		36		34		32		30		28		26		24
嵌线次序		19	20	21	22	23	24	25	26	27	28	29	30	31	32	33	34	35	36
嵌入槽号	先嵌边	17		15		13		11		9		7		5		3			
	后嵌边		22		20		18		16		14		12		10		8	6	4

（5）绕组特点与应用 本例为显极式构成，每相线圈数等于极数，每极相两端有效边电流方向相同。嵌线端部反折，并使同相相邻线圈极性相反，即接线为反接较少，此绕组系小型6极电机中应用较多的基本布线形式之一，在一般用途新系列的小型电动机中也有应用。此外，将显点内接，引出三根出线可应用于某些专用电动机和防爆型三相异步电动机。

单层同心式绕组展开图及嵌线步骤

一、2极12槽单层同心三相绕组

在交流电机绕组中介绍过单层同心式绕组，图4-30是2极12槽单层同心三相绕组的展开图。2极12槽单层同心式绕组布线接线图，见图4-31。

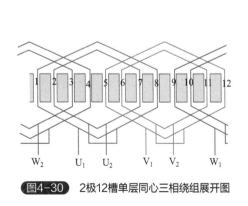

图4-30 2极12槽单层同心三相绕组展开图

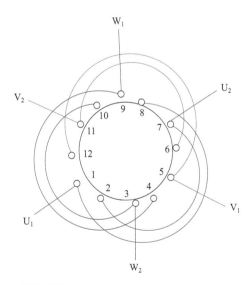

图4-31 2极12槽单层同心式绕组布线接线图

（1）绕组参数　定子槽数 $Z=12$　每组圈数 $S=2$　并联路数 $a=1$　电机极数 $2P=2$　极相槽数 $q=2$　线圈节距 $Y=1—8、6—7$　总线圈数 $Q=6$　绕组极距 $\tau=6$　绕组系数 $K=-0.966$　绕圈组数 $n=3$　每槽电角度 $\alpha=30°$

（2）嵌线方法　可采用交叠法或整嵌法嵌线。

❶ 交叠法　交叠嵌线的绕组端部比较匀称，但需吊起 2 边嵌，定子内孔窄小时会感嵌线困难，嵌线顺序如表4-6所示。

表4-6　2极12槽单层同心式绕组交叠法

嵌线次序		1	2	3	4	5	6	7	8	9	10	11	12
嵌入槽号	先嵌边	2	1	10		9		6		5			
	后嵌边				3		4		11		12	8	7

❷ 整嵌法　一般只适用于定子内腔较窄的电机上，嵌线时是分槽整圈嵌入，无需吊边，但绕线线圈既不能形成双平面，又不能形成三平面，因此为上下层之间的变形线圈组，使端部层次不分明，且不美观，嵌线顺序如表4-7所示。

表4-7　2极12槽单层同心式绕组整嵌法

嵌线次序		1	2	3	4	5	6	7	8	9	10	11	12
嵌入槽号	下层	2	7	1	8		11		12				
	上层					6		5		3	10	4	9

（3）绕组特点与应用　本例采用庶极布线，整套绕组仅 3 组线圈，每组由一同心双圈组构成，无需组成接线，只用于小功率电机。

二、2极18槽单层同心交叉绕组展开图

图 4-32 是 2 极 18 槽单层同心交叉三相绕组的展开图。

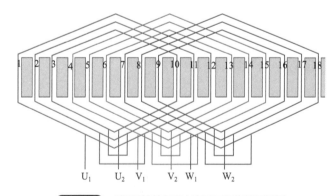

图4-32 2极18槽单层同心交叉三相绕组展开图

三、2极24槽单层同心式绕组

（1）2 极 24 槽单层同心式绕组展开图　见图 4-33。

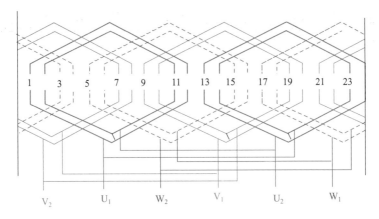

图4-33 2极24槽单层同心式绕组展开图

（2）**2 极 24 槽单层同心式绕组布线接线图**　见图 4-34。

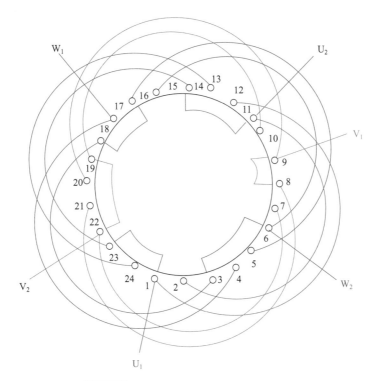

图4-34 2极24槽单层同心式绕组布线接线图

（3）**绕组参数**　定子槽数 Z=24　每组圈数 S=2　并联路数 a=2　电机极数 $2P$=2　极相槽数 q=4　线圈节距 Y=1—12、6—11　总线圈数 Q=12　绕组极距 τ=12　绕组系数 K=-0.958　绕圈组数 n=6　每槽电角度 α=15°

（4）**嵌线方法**　嵌线可采用两种方法，交叠法嵌线顺序可参考上例，本例介绍整嵌方法，它是将线圈连相嵌线，嵌线一相后垫上绝缘，再将另一相嵌入相应槽内，完成后再绕第 3 相，使三相线圈端部形成在二层次的平面上，此嵌法嵌线不用吊边，常被 2 极电动机选用，嵌线顺序如表 4-8 所示。

嵌线次序		1	2	3	4	5	6	7	8	9	10	11	12	13	14	15	16	17	18	19	20	21	22	23	24
嵌入槽号	下层	2	11	1	12	14	23	13	24																
	中平面									10	19	9	20	22	7	21	8								
	上层																	18	3	17	4	6	15	5	16

表4-8 2极24槽单层同心式绕组整嵌法

（5）绕组特点与应用　本绕组是显绕布线，与上例相同，但绕组采用二路并联接线，一相每支路由一路同心双圈组成，两支路在同一相内并联，使两相线圈电路相反，应用较多。

四、4极24槽单层同心式绕组

（1）4极24槽单层同心式绕组展开图　见图4-35。

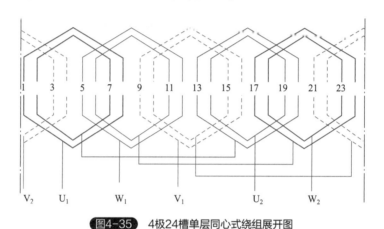

图4-35　4极24槽单层同心式绕组展开图

（2）4极24槽单层同心式绕组布线接线图　见图4-36。

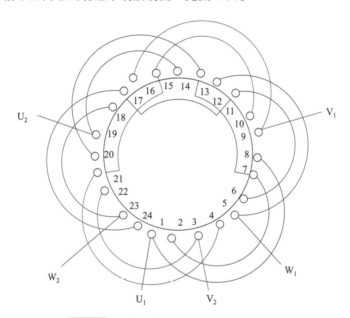

图4-36　4极24槽单层同心式绕组布线接线图

（3）绕组参数　定子槽数 $Z=24$　每组圈数 $S=2$　并联路数 $a=1$　电机极数 $2P=4$　极相槽数 $q=2$　线圈节距 $Y=1—5、6—7$　总线圈数 $Q=12$　绕组极距 $\tau=6$　绕组系数 $K=-0.946$　绕圈组数 $n=6$　每槽电角度 $\alpha=30°$

（4）嵌线方法　嵌线可采用两种方法，交叠法和整嵌法。

❶ 交叠法　交叠嵌线是交叠先嵌边，吊边 2 个，从第 3 只线圈起嵌入先嵌边后可将绕组后嵌边嵌入。嵌线顺序见表4-9。

嵌线次序		1	2	3	4	5	6	7	8	9	10	11	12	13	14	15	16	17	18	19	20	21	22	23	24
嵌入槽号	先嵌边	2	1	22		21		18		17		14		13		10		9		6		7			
	后嵌边				3		4		23		24		19		20		15		16		11		12	8	7

表4-9　4极24槽单层同心式绕组交叠法

❷ 整嵌法　整圈嵌线是隔线嵌入，使 1、3、5 绕组端部处于同一平面，而 2、4、6 绕组为另一平面并处于其上层；每层嵌线先嵌小线圈再嵌入线圈，嵌线顺序见表4-10。

嵌线次序		1	2	3	4	5	6	7	8	9	10	11	12	13	14	15	16	17	18	19	20	21	22	23	24
嵌入槽号	底层	2	7	1	8	14	19	13	20	10	15	9	16												
	面层													22	3	24	4	6	11	5	12	18	23	17	24

表4-10　4极24槽单层同心式绕组整嵌法

（5）绕组特点与应用　本例采用隐极布线，每相由两组线圈组成，每组由同心双圈顺串而成，组向是"尾与头"相绕，使两组线圈极性相同。此绕组线圈数少，嵌接线较方便，在国外产品中多有应用。

五、2极36槽单层同心式绕组

（1）2 极 36 槽单层同心式绕组展开图　见图 4-37。

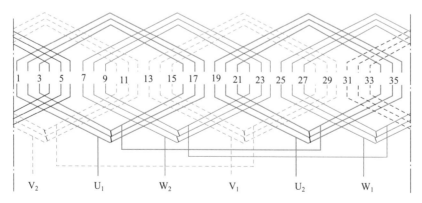

图4-37　2极36槽单层同心式绕组展开图

（2）2 极 36 槽单层同心式绕组布线图　见图 4-38。

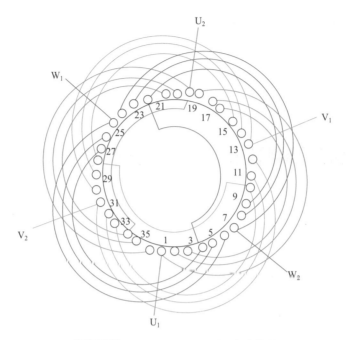

图4-38 2极36槽单层同心式绕组布线图

（3）绕组参数　定子槽数 $Z=36$　每组圈数 $S=3$　并联路数 $a=1$　电机极数 $2P=2$　极相槽数 $q=6$　线圈节距 $Y=1—18$、$6—17$、$3—16$　总线圈数 $Q=18$　绕组极距 $\tau=18$　绕组系数 $K=-0.956$　绕圈组数 $n=6$　每槽电角度 $\alpha=10°$

（4）嵌线方法　嵌线可用两种方法，交叠法和整嵌法。

❶ 交叠法　由于线圈节距大，嵌线时要吊起 6 边，嵌线有一定困难。嵌线顺序如表 4-11 所示。

表4-11　2极36槽单层同心式绕组交叠法

嵌线次序		1	2	3	4	5	6	7	8	9	10	11	12	13	14	15	16	17	18
嵌入槽号	先嵌边	3	2	1	33	32	31	27		26		25		21		20		39	
	后嵌边								4		5		6		34		35		36
嵌线次序		19	20	21	22	23	24	25	26	27	28	29	30	31	32	33	34	35	36
嵌入槽号	先嵌边	15		14		13		9		8		7							
	后嵌边		28		29		30		22		23		24	16	17	18	10	11	12

❷ 整嵌法　为本例较宜选的方法，它是采分相分层次整图嵌线，嵌线顺序如表 4-12 所示。

表4-12　2极36槽单层同心式绕组整嵌法

嵌线次序		1	2	3	4	5	6	7	8	9	10	11	12	13	14	15	16	17	18
嵌入槽号	下层	3	16	2	17	1	18	21	34	20	35	19	36						
	中平面													15	28	14	29	13	30
	上层																		
嵌线次序		19	20	21	22	23	24	25	26	27	28	29	30	31	32	33	34	35	36
嵌入槽号	下层																		
	中平面	33	10	32	11	31	12												
	上层							27	4	24	5	25	6	9	22	8	23	7	24

（5）绕组特点与应用　本例系较常用的布线形式，采用显接布线，每相由两组同心三相绕组构成，组间连线为反向串联，使两组极性相反。采用本绕组的有 JO32、180MJ-2 一般用途铝线绕组电动机，YX-132S1-2 高效率三相异步电动机及 AX6-400 直流弧焊机配用的三相异步电动机等。

六、8极48槽单层同心式绕组

（1）8 极 48 槽单层同心式绕组展开图　见图 4-39。

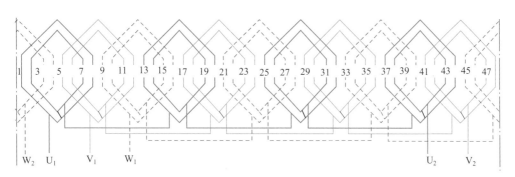

图4-39 8极48槽单层同心式绕组展开图

（2）8 极 48 槽单层同心式绕组布线接线图　见图 4-40。

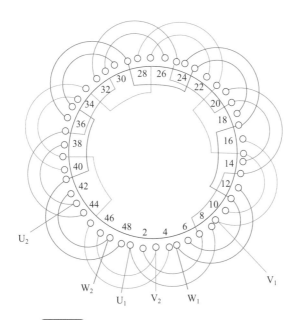

图4-40 8极48槽单层同心式绕组布线接线图

（3）绕组参数　定子槽数 Z=48　每组圈数 S=2　并联路数 a=1　电机极数 $2P$=8　极相槽数 q=2　线圈节距 Y=1—8、6—7　总线圈数 Q=24　绕组极距 τ=4　绕组系数 K=-0.964　绕圈组数 n=12　每槽电角度 α=30°

（4）嵌线方法　嵌线可采用交叠法或整嵌法，整圈嵌线无需吊边、线圈隔组嵌入、构成双平面绕组，交叠嵌线则嵌 2 槽，空出 2 槽，再嵌 2 槽，吊边数为 2。嵌线顺序如表 4-13 所示。

表4-13　8极48槽单层同心式绕组交叠法

嵌线次序		1	2	3	4	5	6	7	8	9	10	11	12	13	14	15	16	17	18	19	20	21	22	23	24
嵌入槽号	先嵌边	2	1	46		45		42		41		38		37		34		33		30		29		26	
	后嵌边				3		4		47		48		43		44		39		40		35		36		31
嵌线次序		25	26	27	28	29	30	31	32	33	34	35	36	37	38	39	40	41	42	43	44	45	46	47	48
嵌入槽号	先嵌边	25		22		21		18		17		14		13		10		9		6		5			
	后嵌边		32		27		28		23		24		19		20		15		16		11		12	7	8

（5）绕组特点与应用　本例为隐极布线，每组由2只同心双圈组线，每相绕组有4相线圈，采用顺向串联接线，故线圈组极性全部相同，应用于绕线转子异步电动机的转子绕组。

第四节
单层交叉式绕组展开图及嵌线步骤

一、2极18槽单层交叉三相绕组

（1）2极18槽单层交叉式绕组展开图　见图4-41。
（2）2极18槽单层交叉式绕组布线接线图　见图4-42。

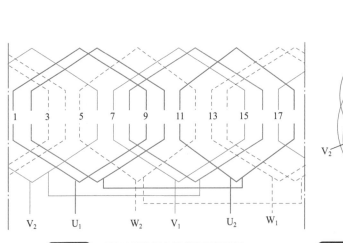

图4-41　2极18槽单层交叉式绕组展开图

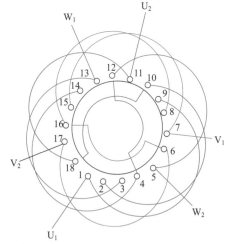

图4-42　2极18槽单层交叉式绕组布线接线图

（3）绕组参数　定子槽数 Z=18　每组圈数 S= 1/2　并联路数 a=1　电机极数 $2P$=2　极相槽数 q=3　线圈节距 Y=1—9、6—10、11—18　总线圈数 Q=24　绕组极距 τ=6　绕组系数 K=-0.966　绕圈组数 n=12　每槽电角度 α=30°

（4）嵌线方法　本例采用交叠法嵌线，因是不等距布线，嵌线从大联（双圈）开始，嵌线从小联（单圈）开始，嵌线顺序分别如表4-14和表4-15所示，但吊边数为1。

嵌线次序		1	2	3	4	5	6	7	8	9	10	11	12	13	14	15	16	17	18
嵌入槽号	先嵌边	9	10	12	15		16		18		3		4		6				
	后嵌边					7		8		11		13		14		17	1	2	5

表4-14　2极18槽单层交叉三相绕组交叠法（双圈始嵌）

嵌线次序		1	2	3	4	5	6	7	8	9	10	11	12	13	14	15	16	17	18
嵌入槽号	先嵌边	5	2	1	17		14		13		11		8		7				
	后嵌边					6		4		3		18		16		15	12	10	9

表4-15　2极18槽单层交叉式三相绕组嵌线顺序（单圈始嵌）

（5）绕组特点与应用　本例为显极式不等距布线，大联为节距 $Y_B=1—3$ 的双圈，小联是 $Y_N=1—8$ 单圈，每相由大、小两联串联而成，两组间的接线是"尾接尾"，使极相反。此绕组是交叉横绕组的基本形式，应用实例主要是小型电动机，如将绕组接成一路 Y 形、引出 3 根电源线可应用于各种电动工具，手提砂轮机、软轴砂轮机、台式砂轮机、平面振动器等专用电动机，也可用于 Z2D-50 直联插入式混凝土振动器三相中频电动机。

还有另一种 2 极 18 槽单层交叉三相绕组的展开图，如图 4-43 所示。

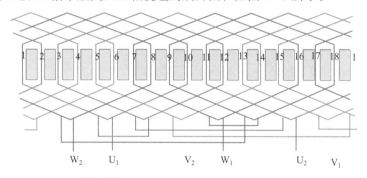

图4-43　2极18槽单层交叉三相绕组展开图

二、4极36槽单层交叉式绕组

（1）4 极 36 槽单层交叉式绕组展开图　见图 4-44。

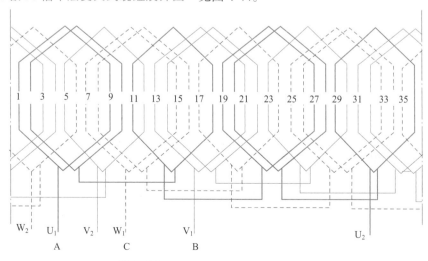

图4-44　4极36槽单层交叉式绕组展开图

（2）4极36槽单层交叉式绕组布线接线图 见图4-45。

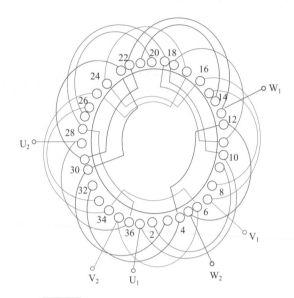

图4-45 4极36槽单层交叉式绕组布线接线图

（3）绕组参数 定子槽数 $Z=36$ 每组圈数 $S=11/2$ 并联路数 $a=1$ 电机极数 $2P=4$ 极相槽数 $q=3$ 线圈节距 $Y=1—9$、$6—10$、$10—15$ 总线圈数 $Q=18$ 绕组极距 $\tau=9$ 绕组系数 $K=-0.96$ 绕圈组数 $n=12$ 每槽电角度 $\alpha=20°$

（4）嵌线方法 绕组一般都用交叠法嵌线，吊边数为3，习惯上是从双圈嵌线，嵌入2槽先嵌边，空出1槽后嵌边，嵌入1槽先嵌边，再退空2槽后嵌边，以后再以此规律进行整嵌。嵌线顺序如表4-16所示。

表4-16 4极36槽单层交叉式绕组交叠法

嵌线次序		1	2	3	4	5	6	7	8	9	10	11	12	13	14	15	16	17	18
嵌入槽号	先嵌边	2	1	35	32		31		29		26		25		23		20		19
	后嵌边					4		3		36		34		33		30		28	
嵌线次序		19	20	21	22	23	24	25	26	27	28	29	30	31	32	33	34	35	36
嵌入槽号	先嵌边		17		14		13		11		8		7		5				
	后嵌边	27		24		22		21		18		16		15		12	10	9	6

（5）绕组特点与应用 本例为不等距显极式布线，每相由2个大联组和2个小联组构成，大联节距 $Y_B=1—9$ 双圈，小联节距是 $Y_N=1—8$ 单圈，大、小嵌线圈组交叉轮换对称分布，组间极性相反，并为反向串联。本例是小型电动机最常用的绕组形式，可用于一般用途三相异步电动机，也可用于专用电机防爆型电动机及高效率电动机。

三、2极18槽单层同心交叉式绕组

（1）2极18槽单层同心交叉式绕组展开图 见图4-46。

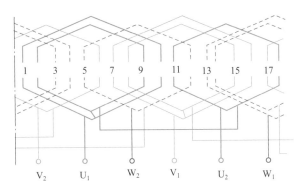

图4-46 2极18槽单层同心交叉式绕组展开图

（2）2极18槽单层同心交叉式绕组布线接线图 见图4-47。

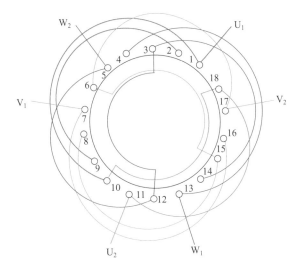

图4-47 2极18槽单层同心交叉式绕组布线接线图

（3）绕组参数 定子槽数 $Z=18$ 每组圈数 $S=11/2$ 并联路数 $a=1$ 电机极数 $2P=2$ 极相槽数 $q=3$ 线圈节距 $Y=1—9$、$6—10$、$11—18$ 总线圈数 $Q=9$ 绕组极距 $\tau=9$ 绕组系数 $K=-0.94$ 绕圈组数 $n=6$ 每槽电角度 $\alpha=20°$

（4）嵌线方法 本例采用显接布线，可采用两种嵌线方法。

❶ 整嵌法 每相分层嵌入，使绕组端部形成三平面层次。嵌线顺序见表4-17。

表4-17 2极18槽单层同心交叉式绕组整嵌法

嵌线次序		1	2	3	4	5	6	7	8	9	10	11	12	13	14	15	16	17	18
嵌入槽号	下层	2	9	1	10	11	18												
	中平面							8	15	7	16	17	6						
	上层													14	3	13	4	5	12

❷ 交叠法 线圈交叠法嵌线是嵌2槽空1槽，嵌1槽空2槽，吊边数为1，由于本绕组的线圈节距大，对内腔窄小的定子嵌线有困难，嵌线顺序见表4-18。

嵌线次序		1	2	3	4	5	6	7	8	9	10	11	12	13	14	15	16	17	18
嵌入 槽号	先嵌边	2	1	17	14		13		11		8		7		5				
	后嵌边					3		4		18		15		16		12	9	10	6

表4-18　2极18槽单层同心交叉式绕组交叠法

（5）绕组特点与应用　本绕组由交叉式绕组渐变而来，是同心交叉链的基本形式，常应用于小功率专用电动机，用 Y 形接法，出线 3 槽，可用于三相小功率电动机、三相油泵电动机、电钻等三相异步电动机。

四、4极36槽单层同心交叉式绕组

（1）4 极 36 槽单层同心交叉式绕组展开图　见图 4-48。

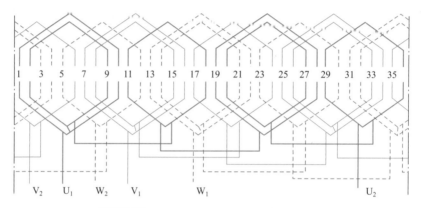

图4-48 4极36槽单层同心交叉式绕组展开图

（2）4 极 36 槽单层同心交叉式绕组布线接线图　见图 4-49。

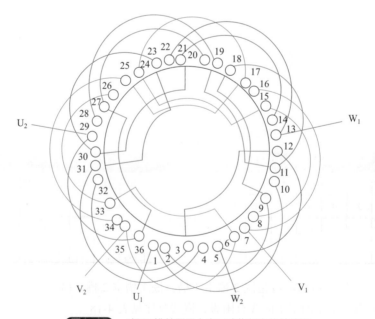

图4-49 4极36槽单层同心交叉式绕组布线接线图

（3）绕组参数　定子槽数 $Z=36$　每组圈数 $S=11/2$　并联路数 $a=1$　电机极数 $2P=4$　极相槽数 $q=3$　线圈节距 $Y=1—10、6—9、11—18$　总线圈数 $Q=18$　绕组极距 $\tau=9$　绕组系数 $K=-0.96$　绕圈组数 $n=12$　每槽电角度 $\alpha=20°$

（4）嵌线方法　本例可用两种方法嵌线。

❶ 整嵌法　采用逐相整嵌线构成二平面绕组，嵌线顺序见表4-19。

表4-19　4极36槽单层同心交叉式绕组整嵌法

嵌线次序		1	2	3	4	5	6	7	8	9	10	11	12
槽号	下层	2	9	1	10	18	11	27	20	19	28	36	29
嵌线次序		13	14	15	16	17	18	19	20	21	22	23	24
槽号	中平面	8	15	7	16	24	17	33	26	25	34	35	6
嵌线次序		25	26	27	28	29	30	31	32	33	34	35	36
槽号	上层	14	21	13	22	23	30	32	3	31	4	5	12

❷ 交叠法　交叠嵌线吊边数3，嵌线顺序见表4-20。

表4-20　4极36槽单层同心交叉式绕组交叠法

嵌线次序		1	2	3	4	5	6	7	8	9	10	11	12	13	14	15	16	17	18
嵌入槽号	先嵌边	9	10	12	15		16		18		21		22		24		27		28
	后嵌边					8		7		11		14		13		17		20	
嵌线次序		19	20	21	22	23	24	25	26	27	28	29	30	31	32	33	34	35	36
嵌入槽号	先嵌边		30		33		34		36		3		31		6				
	后嵌边	19		23		26		25		29		32		4		35	1	2	5

（5）绕组特点与应用　绕组由单、双同心圈组成，是由交叉式演变而来的形式，同组间接线是反接串联。主要应用实例有 JO2L-36-4 型电动机。

第五节
单层叠式绕组展开图及嵌线步骤

一、2极12槽单层叠式绕组

（1）2极12槽单层叠式绕组展开图　见图4-50。

（2）2极12槽单层叠式绕组布线接线图　见图4-51。

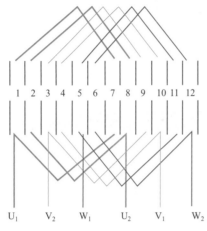

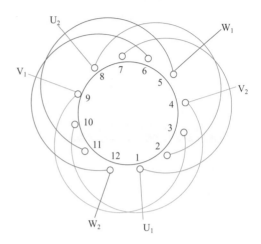

图4-50 2极12槽单层叠式绕组展开图　　**图4-51** 2极12槽单层叠式绕组布线接线图

（3）绕组参数　定子槽数 Z=12　每组圈数 S=2　并联路数 a=1　电机极数 $2P$=2　极相槽数 q=2　线圈节距 Y=1—7、6—8　总线圈数 Q=6　绕组极距 τ=8　绕组系数 K=0.966　绕圈组数 n=3　每槽电角度 α=30°

（4）绕线方法　绕组可采用两种嵌线方法。

❶ 交叠法　绕组端部较规整、美观，是常用的方法，嵌线顺序见表4-21。

表4-21　2极12槽单层叠式绕组交叠法

嵌线次序		1	2	3	4	5	6	7	8	9	10	11	12
嵌入槽号	先嵌边	7	8	10		9		6		5			
	后嵌边				4		3		12		11	1	2

❷ 整嵌法　嵌线时线圈两有效边相连嵌入相应槽内，无需吊边，便于内腔过窄的微电机采用，嵌线顺序如表4-22所示。

表4-22　2极12槽单层叠式绕组整嵌法

嵌线次序		1	2	3	4	5	6	7	8	9	10	11	12
嵌入槽号	下层	1	7	2	8								
	中平面					9	3	10	4				
	下层									5	11	6	12

（5）绕组特点与应用　绕组采用庶极布线，是三相电动机中最简单的绕组之一，每相只有一相交叠线圈，它的最大优点是无需内部接线。采用整嵌时端部形成三平面不够美观，此绕组仅用于小功率微型电机。

二、2极24槽单层叠式绕组

（1）2极24槽单层叠式绕组展开图　见图4-52。

（2）2极24槽单层叠式绕组布线接线图　见图4-53。

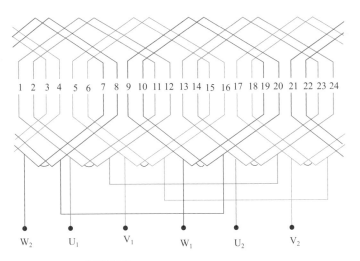

图4-52 2极24槽单层叠式绕组展开图

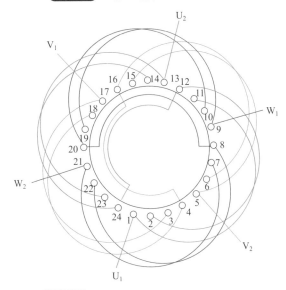

图4-53 2极24槽单层叠式绕组布线接线图

（3）绕组参数 定子槽数 Z=24 每组圈数 S=2 并联路数 a=1 电机极数 $2P$=2 极相槽数 q=4 线圈节距 Y=1—11、6—12 总线圈数 Q=12 绕组极距 τ=12 绕组系数 K=0.958 绕圈组数 n=6 每槽电角度 α=15°。

（4）绕线方法 绕组可采用两种嵌线方法。

❶ 交叠法 绕组端部较规整、美观，是常用的方法，嵌线顺序见表4-23。

表4-23 2极24槽单层叠式绕组交叠法

	嵌线次序	1	2	3	4	5	6	7	8	9	10	11	12
嵌入槽号	先嵌边	2	1	22	21	18		17		14		13	
							2		3		24		23
	后嵌边	13	14	15	16	17	18	19	20	21	22	23	24
		10		9		6		5					
			20		19		16		15	12	11	8	7

❷ 整嵌法　嵌线无需吊边，但绕组端部形成三平面重叠，嵌线槽见表4-24。

表4-24　2极24槽单层叠式绕组整嵌法

嵌线次序		1	2	3	4	5	6	7	8	9	10	11	12
嵌入槽号	下层	1	11	2	12	13	23	14	24				
	中平面									21	7	22	8
	上层												
嵌线次序		13	14	15	16	17	18	19	20	21	22	23	24
嵌入槽号	下层												
	中平面	9	19	10	20								
	上层					5	15	6	16	17	3	18	4

（5）绕组特点与应用　本例为显极式布线，线圈组由两只单层等距交叠线圈组成，并由两组线圈构成一组，同相两组是"尾与尾"相接，从而使两组线圈极性相反。本绕组是单叠绕组，应用于老式的小功率电机的布线形式。主要应用有 J31-2、JW11-2 等产品；也可将相尾 U_2、V_2、W_2 接成星形，引出三根引线，应用于 JCB22 三相油泵电动机。

三、4极48槽单层叠式绕组

（1）4极 48 槽单层叠式绕组展开图　见图 4-54。

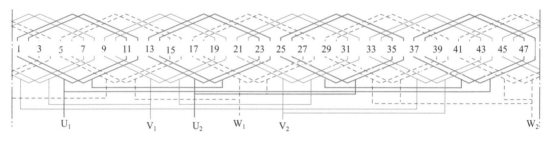

图4-54　4极48槽单层叠式绕组展开图

（2）4极 48 槽单层叠式绕组布线接线图　见图 4-55。

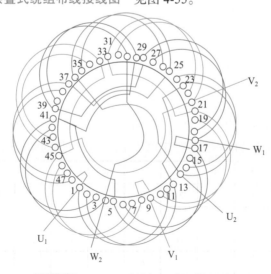

图4-55　4极48槽单层叠式绕组布线接线图

（3）绕组参数　定子槽数 $Z=48$　每组圈数 $S=2$　并联路数 $a=2$　电机极数 $2P=4$　极相槽数 $q=4$　线圈节距 $Y=1—11$、$6—12$　总线圈数 $Q=24$　绕组极距 $\tau=12$　绕组系数 $K=-0.958$　绕圈组数 $n=12$　每槽电角度 $\alpha=15°$

（4）接线方法　嵌线一般都采用交叠法后叠加式嵌线，嵌线顺序可参考上例。本例介绍渐进式嵌线，以供参考，嵌线顺序如表4-25所示。

表4-25　4极48槽单层叠式绕组交叠法（渐进式嵌线）

嵌线次序		1	2	3	4	5	6	7	8	9	10	11	12	13	14	15	16
嵌入槽号	先嵌边	11	12	15	16	19		20		23		24		27		28	
	后嵌边						9		10		13		14		17		18
嵌线次序		17	18	19	20	21	22	23	24	25	26	27	28	29	30	31	32
嵌入槽号	先嵌边	31		32		35		36		39		40		43		44	
	后嵌边		21		22		25		26		29		30		33		34
嵌线次序		33	34	35	36	37	38	39	40	41	42	43	44	45	46	47	48
嵌入槽号	先嵌边	47		48		3		4		7		8					
	后嵌边		37		38		41		42		45		46	1	2	5	6

（5）绕组特点与应用　本例布线与上例相同，由两只等节距交叠线圈组成线圈组，并由4组线圈构成一相绕组，但采用二路并联接线，接线是采用嵌线接线，逆向分路定线，例如，A1进线分两路，一路线 A 跟第 1 组线圈，逆时向走线，再与第 2 组反串连接，另一路从第 4 组进入，与第 3 组反串连接后，将两组尾端并联出线 A2，这种接线具有连接线短、接线方便等优点，二路并联时多采用这种接线形式。可用于电动机三相绕组和绕线转子电动机的转子绕组。

第六节
双层叠式绕组展开图及嵌线步骤

一、2极12槽双层叠式绕组

（1）2 极 12 槽双层叠式绕组展开图　见图 4-56。

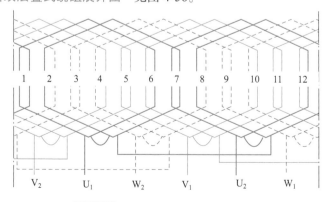

图4-56　2极12槽双层叠式绕组展开图

（2）2极12槽双层叠式绕组布线接线图 见图4-57。

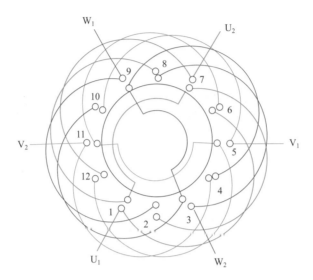

图4-57 2极12槽双层叠式绕组布线接线图

（3）绕组参数 定子槽数 $Z=12$ 每组嵌数 $S=2$ 电机极数 $2P=2$ 极相槽数 $q=2$ 总线槽数 $Q=12$ 绕组极距 $\tau=6$ 线圈节距 $Y=5$

（4）嵌线方法 绕组采用交叠法嵌线，吊边数为5，嵌线顺序如表4-26所示。

表4-26 2极12槽双层叠式绕组交叠法

嵌线次序		1	2	3	4	5	6	7	8	9	10	11	12	13	14	15	16	17	18	19	20	21	22	23	24
嵌入槽号	下层	2	1	12	11	10	9		8		7		6		5		4		3						
	上层							2		1		12		11		10		9		8	7	6	5	4	3

（5）绕组特点与应用 12槽铁芯小功率电机，由于线圈节距大，采用双层嵌线有一定的工艺困难，只有少量电机采用。

二、4极12槽双层叠式绕组

（1）4极12槽双层叠式绕组展开图 见图4-58。

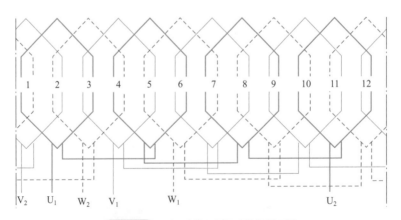

图4-58 4极12槽双层叠式绕组展开图

（2）4极12槽双层叠式绕组布线接线图　见图4-59。

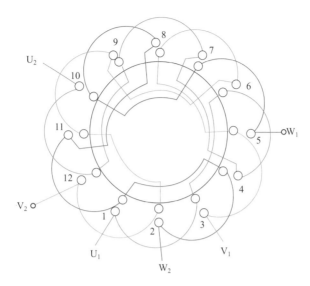

图4-59 4极12槽双层叠式绕组布线接线图

（3）嵌线方法　绕组采用交叠法嵌线，吊边数为2，嵌线顺序如表4-27所示。

表4-27　4极12槽双层叠式绕组交叠法																							
嵌线次序	1	2	3	4	5	6	7	8	9	10	11	12	13	14	15	16	17	18	19	20	21	22	23	24
嵌入槽号 下层	12	11	10		9		8		7		6		5		4		3		2		1			
上层				12		11		10		9		8		7		6		5		4		3	2	1

（4）绕组特点与应用　本例绕组采用短节距布线，有利于缩减高次谐波，用以提高电机的运行性能；但由于定子槽数少，绕组极距较短，短节距的绕组系数较低，此绕组应用较少。

三、4极24槽双层叠式绕组（一）

（1）4极24槽双层叠式绕组展开图（一）　见图4-60。

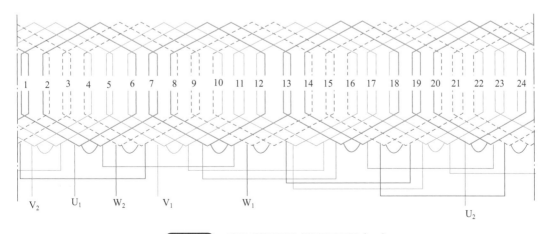

图4-60 4极24槽双层叠式绕组展开图（一）

（2）4极24槽双层叠式绕组布线接线图（一）　见图4-61。

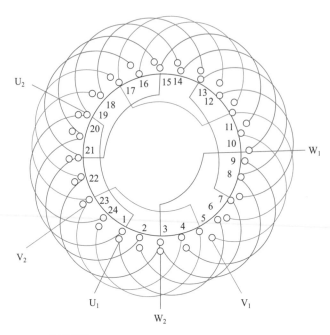

图4-61 4极24槽双层叠式绕组布线接线图（一）

（3）绕组参数 定子槽数 $Z=24$ 每组嵌数 $S=2$ 并联路数 $a=1$ 电机极数 $2P=4$ 极相槽数 $q=1$ 总线槽数 $Q=24$ 绕组极距 $\tau=6$ 线圈节距 $Y=5$

（4）嵌线方法 本例采用交叠法嵌线，需吊边 5 个，嵌线顺序如表 4-28 所示。

表4-28 4极24槽双层叠式绕组（一）交叠法

嵌线次序		1	2	3	4	5	6	7	8	9	10	11	12	13	14	15	16	17	18	19	20	21	22	23	24
嵌入槽号	下层	24	23	22	21	20	19		18		17		16		15		14		13		12		11		10
	上层							24		23		22		21		20		19		18		17		16	
嵌线次序		25	26	27	28	29	30	31	32	33	34	35	36	37	38	39	40	41	42	43	44	45	46	47	48
嵌入槽号	下层		9		8		7		6		5		4		3		2		1						
	上层	15		14		13		12		11		10		9		8		7		6	5	4	3	2	1

（5）绕组特点与应用 本例为节距缩短 1 槽的短距绕组。每相由 4 个双嵌线缩短构成，采用一路串联，相邻线圈组间极性要相反，即接线时组间要求"尾与尾"或"头与头"相接。此绕线是双层叠绕 4 极绕组，可用于定子绕组及转子绕组等。

四、4极24槽双层叠式绕组（二）

（1）4 极 24 槽双层叠式绕组展开图（二） 见图 4-62。

（2）4 极 24 槽双层叠式绕组布线接线图（二） 见图 4-63。

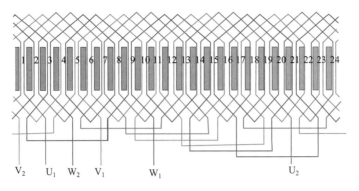

图4-62 4极24槽双层叠式绕组展开图（二）

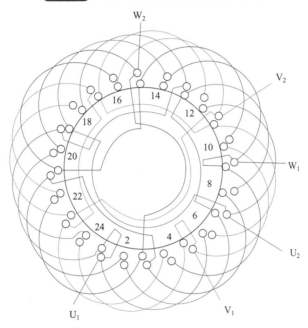

图4-63 4极24槽双层叠式绕组布线接线图（二）

（3）绕组参数 定子槽数 $Z=24$ 每组嵌数 $S=2$ 并联路数 $a=2$ 电机极数 $2P=4$ 极相槽数 $q=2$ 总线槽数 $Q=24$ 绕组极距 $\tau=6$ 线圈节距 $Y=5$

（4）嵌线方法 采用交叠法嵌线，吊边数为5，嵌线顺序如表4-29所示。

表4-29 4极24槽双层叠式绕组（二）交叠法

嵌线次序		1	2	3	4	5	6	7	8	9	10	11	12	13	14	15	16
嵌入槽号	下层	2	1	24	23	22	21		20		19		18		17		16
	上层						2		1		24		23		22		
嵌线次序		17	18	19	20	21	22	23	24	25	26	27	28	29	30	31	32
嵌入槽号	下层		15		14		13		12		11		10		9		8
	上层	21		20		19		18		17		16		15		14	
嵌线次序		33	34	35	36	37	38	39	40	41	42	43	44	45	46	47	48
嵌入槽号	下层		7		6		5		4		3						
	上层	13		12		11		10		9		8	7	6	5	4	3

（5）绕组特点与应用　此绕组布线同上例，但接线为二路并联，并采用反向走线短跳连接，即进线分左、右两路接线，每路由两组线圈反极性串联而成，但必须保持同槽相邻线圈极性相反的原则，此嵌线主要应用于转子绕组。

五、4极24槽双层三相波绕组

对于多极、绕组导线截面较大的大型电机，为节约极间连线用铜，常用波绕组。大型水轮发电机有数十对磁极，多采用波绕组。由于极数太多无法展示，下面仅以4极24槽双层三相波绕组为例展示波绕组的连接，其展开图如图4-64所示。

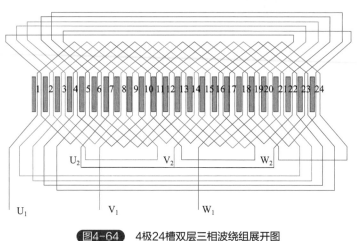

图4-64　4极24槽双层三相波绕组展开图

六、4极36槽双层叠式绕组（一）

（1）4极36槽双层叠式绕组展开图（一）　见图4-65。

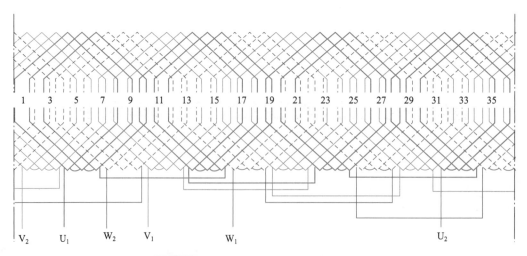

图4-65　4极36槽双层叠式绕组展开图（一）

（2）4极36槽双层叠式绕组布线接线图（一）　见图4-66。

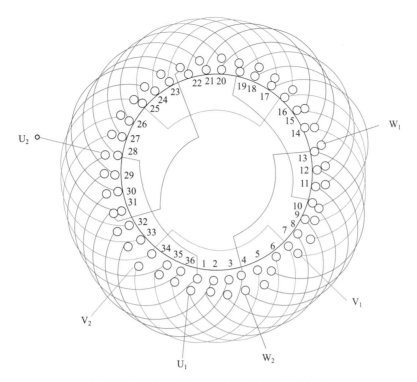

图4-66 4极36槽双层叠式绕组布线接线图（一）

（3）绕组参数　定子槽数 Z=36　每组嵌数 S=3　并联路数 a=1　电机极数 $2P$=4　极相槽数 q=3　总线槽数 Q=36　绕组极距 τ=9　线圈节距 Y=7

（4）嵌线方法　采用交叠法嵌线，吊边数为7，嵌线顺序如表4-30所示。

嵌线次序	1	2	3	4	5	6	7	8	9	10	11	12	13	14	15	16	17	18
嵌入槽号 先嵌边	36	35	34	33	32	31	30	29		28		27		26		25		24
后嵌边									36		35		34		33		32	
嵌线次序	19	20	21	22	23	24	25	26	27	28	29	30	31	32	33	34	35	36
嵌入槽号 先嵌边		23		22		21		20		19		18		17		16		15
后嵌边	31		30		29		28		27		26		25		24		23	
嵌线次序	37	38	39	40	41	42	43	44	45	46	47	48	49	50	51	52	53	54
嵌入槽号 先嵌边		14		13		12		11		10		9		8		7		6
后嵌边	22		21		20		19		18		17		16		15		14	
嵌线次序	55	56	57	58	59	60	61	62	63	64	65	66	67	68	69	70	71	72
嵌入槽号 先嵌边		5		4		3		2		1								
后嵌边	13		12		11		10		9		8	7	6	5	4	3	2	1

表4-30　4极36槽双层叠式绕组（一）交叠法

（5）绕组特点与应用　此系4极电动机常用的典型绕组方案，绕组结构特点参考下例，主要应用实例有JO6-66-4异步电动机。

七、4极36槽双层叠式绕组（二）

（1）4极36槽双层叠式绕组展开图（二） 见图4-67。

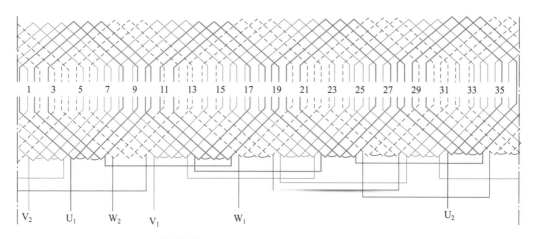

图4-67 4极36槽双层叠式绕组展开图（二）

（2）4极36槽双层叠式绕组布线接线图（二） 见图4-68。

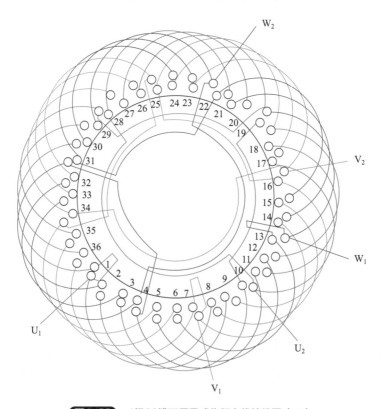

图4-68 4极36槽双层叠式绕组布线接线图（二）

（3）绕组参数　定子槽数 $Z=36$　每组嵌数 $S=3$　并联路数 $a=2$　电机极数 $2P=4$　极相槽数 $q=3$　绕组极距 $\tau=9$　线圈组数 $a=12$　线圈节距 $Y=7$

（4）嵌线方法　采用交叠法嵌线，吊边数为7，嵌线顺序如表4-31所示。

表4-31　4极36槽双层叠式绕组（二）交叠法

嵌线次序		1	2	3	4	5	6	7	8	9	10	11	12	13	14	15	16	17	18
嵌入槽号	下层	36	35	34	33	32	31	30	29		28		27		26		25		24
	上层									36		35		34		33		32	
嵌线次序		19	20	21	22	23	24	25	…		47	48	49	50	51	52	53	54	
嵌入槽号	下层		23		22		21		…			9		8		7		6		
	上层	31		30		29		28	…		17		16		15		14			
嵌线次序		55	56	57	58	59	60	61	62	63	64	65	66	67	68	69	70	71	72
嵌入槽号	下层		5		4		3		2		1								
	上层	13		12		11		10		9		8	7	6	5	4	3	2	1

（5）绕组特点与应用　本例是4极电动机最常用的绕组形式之一，每组有3只线圈，每槽由4组线圈分两路并联而成，每一支路由两相反极性线圈串联接线。

第七节
三相异步电动机转子绕组与修理

绕线转子感应电动机是交流异步电动机的一种，有较好的启动与调速性能，本节通过图文对照的方法，讲解了绕线转子感应电动机的主要结构，并简介了其控制方法。

一、绕线转子感应电动机的定子铁芯

绕线转子感应电动机的定子铁芯与绕组，与笼型感应电动机相同。在铁芯内圆有 N 个槽，用来嵌放定子绕组，见图4-69。

定子铁芯的槽内嵌放着定子绕组，即三相交流绕组，三相绕组按一定规律单层或双层叠绕法绕制，连接成星形，接入三相交流电源就可产生旋转磁场，见图4-70和图4-71，绕组的三个引出端线通过机座上的接线盒引出（图中未显示）。

图4-69　定子铁芯

图4-70　定子铁芯与绕组（1）

图4-71　定子铁芯与绕组（2）

二、绕线转子感应电动机的转子

绕线转子感应电动机的转子铁芯由硅钢片叠成，在铁芯外圆有多个槽，用来嵌放转子绕组，见图4-72。

转子铁芯的槽内嵌放着转子绕组，接入三相交流电源也可产生旋转磁场，见图4-73。不管定子与转子的槽数各为多少，定子绕组与转子绕组的极数必须相同，例如同为2极、4极、6极、8极等。

图4-72 转子铁芯

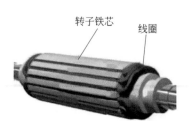

图4-73 转子铁芯与绕组

对于功率较大电机，其绕线转子用带绝缘的扁铜条做线圈，每槽有上下两根扁铜线，采用双层波绕法，把各相线圈串联而成。

三、集电环与电刷

转子绕组线端通过集电环与电刷引出，下面通过一套较简单的电刷与集电环装置介绍其基本结构。

电刷由润滑性与导电性好的石墨质材料压制而成，电刷装在刷握内，刷握上有压紧电刷的弹簧压片；刷握安装在刷杆上，刷杆是绝缘的，刷杆上安装独立的刷握，位置对应集电环，每套刷握有 1 ~ 2 个电刷。实际使用的电刷压簧一般采用在较长范围内压力较稳定的弹簧片。

如图 4-74 所示是电刷结构图。集电环较多采用黄铜或锰钢等导电良好、润滑耐磨的材料制成，独立的集电环紧固在绝缘套筒上，保证环与环、环与转轴之间都是互相绝缘的。每个集电环通过一根导电杆引出作为接线端，导电杆穿过其他集电环时由绝缘套管隔开，导电杆分别连接集电环，相互绝缘。

把集电环紧固在电机转轴上，转子绕组的三根引出端线穿过转轴上的槽连接到三个集电环上，在转轴上还装有散热风扇，见图 4-75（图中没表示线端与集电环的连接）。

图4-74 电刷结构图

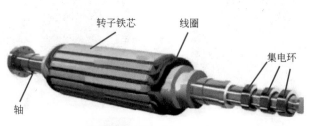

图4-75 绕线感应电机转子

四、绕线转子电机整体结构

转子安装在定子内，由固定在机座两端的端盖支承，转子轴承安装在端盖上。在转子集电环一侧安装着电刷罩，三个电刷固定在电刷罩内，刷握上的弹簧紧压着碳质电刷，保持电刷与集电环紧密接触。

图4-76是绕线转子感应电动机外观图。

吊环

转子绕组接线盒

定子绕组接线盒

图4-76 绕线转子感应电动机外观图

五、铸铝转子的修理

铸铝转子若质量不好，或使用时经常正反转启动与过载，就会造成转子断条。断条后，电动机虽然能空载运转，但加上负载后，转速就会突然降低，甚至停下来。这时如测量定子三相绕组电流，就会发现电流表指针来回摆动。

如果检查时发现铸铝转子断条，可以到产品制造厂去买一个同样的新转子换上；或是将铝熔化后改装紫铜条。在熔铝前，应车去两面铝端环，再用夹具将铁芯夹紧。然后开始熔铝。熔铝的方法主要有两种：

（1）烧碱溶铝　将转子垂直浸入浓度为30%的工业烧碱溶液中，然后将溶液加热到80～100℃左右，直到铝熔化完为止，然后用水冲洗，再投入到浓度为0.25%的冰醋酸溶液内煮沸，中和残余烧碱，再放到开水中煮沸1～2h后，取出冲洗干净并烘干。

（2）煤炉熔铝　首先将转子轴从铁芯中压出，然后在一只炉膛比转子直径大的煤炉的半腰上放一块铁板，将转子倾斜地安放在上面，罩上罩子加热。加热时，要用专用钳子时刻翻动转手，使转子受热均匀，烧到铁芯呈粉红色时（约700℃），铝渐渐熔化，待铝熔化完后，将转子取出。在熔铝过程中，要防止烧坏铁芯。

熔铝后，将槽内及转子两端的残铝及油清除后，用截面积为槽面积55%左右的紫铜条插入槽内，再把铜条两端伸出槽外部分（每端约25mm）依次敲弯，然后加铜环焊接，或是用堆焊的方法，使两端铜条连成整体（即端环的截面积为原铝端环截面的70%）。

六、绕线转子的修理

小容量的绕线转子异步电动机的转子绕组的绕制与嵌线方法与前面所述的定子绕组相同。

转子绕组经过修理后，必须在绕组两端用钢丝打箍。打箍工作可以在车床上进行。钢丝的弹性极限应不低于1600kgf/mm²（约16000MPa）。钢丝的拉力可按表4-32选择。钢丝的直径、匝数、宽度和排列布置方法应尽量和原来的一样。

表4-32 缠绕钢丝时预加的拉力值			
钢丝直径 /mm	拉力 /kgf[①]	钢丝直径 /mm	拉力 /kgf[①]
0.5	120 ~ 150	1.0	500 ~ 600
0.6	170 ~ 200	1.2	650 ~ 800
0.7	250 ~ 300	1.5	1000 ~ 1200
0.8	300 ~ 350	1.8	1400 ~ 1600
0.9	350 ~ 450	2.0	1800 ~ 2000

① 1kgf ≈ 10N。

在绑扎前，先在绑扎位置上包扎 2 ~ 3 层白纱带，使绑扎的位置平整，然后卷上青壳纸 1 ~ 2 层、云母 1 层，纸板宽度应比钢丝箍总宽度大 10 ~ 30mm。

为了使钢丝箍扎紧，每隔一定宽度在钢丝底下垫一块铜片，当该段钢丝结尾后，把铜片两头弯到钢丝上，用锡焊牢。钢丝的首端和尾端需固定在铜片的位置上，以便卡紧焊牢。

扎好钢丝箍的部分，其直径必须比转子铁芯部分小 2 ~ 3mm，否则要与定子铁芯绕组相擦。修复后的转子一般要做静平衡试验，以免在运动中发生振动。

目前电机制造厂大量使用玻璃丝布带绑扎转子（电枢）代替钢丝绑扎。整个工艺过程如下：首先将待绑扎的转子（电枢）吊到绑扎机上，用夹头和顶针旋紧固定，但要能够自由转动。再用木锤轻敲转子两端线圈，既不能让它们高出铁芯，又要保证四周均布。接着把玻璃丝带从拉紧工具上拉至转子，先在端部绕一圈，然后拉紧，绑扎速度为 45r/min，拉力不低于 30kg，如果玻璃丝带不粘，要在低温 80℃烘 1h 再扎，或者将转子放进烘房，待两端线圈达到 70 ~ 80℃时，再进行热扎。绑扎的层数根据转子（电枢）的外径和极数的要求而定，对于容量在 100kW 以下的电动机，绑扎厚度约在 1 ~ 1.5mm 范围内。

第一节
单相异步电动机的结构及原理

单相异步电动机的结构及原理可扫二维码详细学习。

单相异步电动机的结构及原理

第二节
单相异步电动机的绕组

单相异步电动机的定子绕组有多种不同的形式。按槽中导体的层数分，有单层和双层绕组；按绕组端部的形状分，单层绕组又有同心式、交叉式和链式等几种，双层绕组又可分为叠绕组和波绕组；按槽中导体的分布规律来分，则有分布绕组和集中绕组，分布绕组又有正弦绕组和非正弦绕组之分。

选择单相异步电动机的绕组形式时，除需考虑满足电动机的性能要求外，电动机的定子内径小，嵌线困难，绕线和嵌线工艺性及工时，也往往是决定取舍的一个主要因素。除凸极式罩极单相异步电动机的定子为集中绕组外，其他各种形式单相异步电动机的定子绕组均采用分布绕组。为了嵌线方便，一般又多采用单层绕组。为了削弱高次谐波磁势，改善电动机的运行和启动性能，又常采用正弦绕组。

一、单相电动机绕组展开图识图

1. 单相 2 极 8 槽单层链式绕组

两相交流绕组由两个相互垂直的绕组组成，对于 2 极电机有两相绕组，最简单的是一个绕组仅一个线圈，整个电机只需 2 个线圈 4 个槽。只有 4 个槽的铁芯利用率太低，实际电机至少是 8 个槽，对于 8 槽定子极距为 4，相带宽度为 2。

在图 5-1 上的槽内有效边标上导线的绕制方向（首端到尾端），在同一极下相邻的相带方向相反。

在 U 相带建立线圈，1 号槽与 6 号槽为一个线圈，定 1 号槽为首端；2 号槽与 5 号槽为另一个线圈，定 2 号槽为首端，2 个线圈首尾相连组成 U 相绕组，定 2 号槽为 U_1 端，6 号槽为 U_2 端。

在 V 相带建立线圈，3 号槽与 8 号槽为一个线圈，4 号槽与 7 号槽为另一个线圈，2 个线圈首尾相连组成 V 相绕组，定 8 号槽为 V_1 端，4 号槽为 V_2 端。

U 相绕组与 V 相绕组成 90° 角。图 5-1 是按此规则排列的展开图。

单相电动机接线

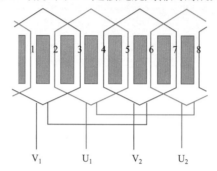

图5-1 单相2极8槽单层链式绕组

2. 单相 4 极 16 槽单层链式绕组

对于转速慢一半的单相电机采用 4 极电机，下例是单相 4 极 16 槽电机，仍采用单层链式绕组，就不再进行解析了，仅显示布线图。图 5-2 是圆形图，图 5-3 是展开图。

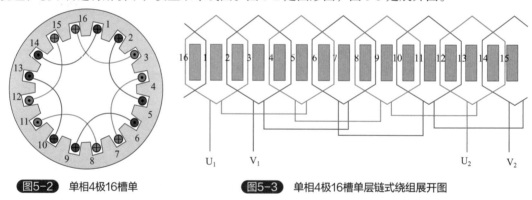

图5-2 单相4极16槽单层链式绕组圆形图

图5-3 单相4极16槽单层链式绕组展开图

3. 单相 2 极 16 槽单层同心式绕组

图 5-4 是采用单层同心式绕组的 2 极 16 槽电机圆形图，图 5-5 是采用单层同心式绕组的 2 极 16 槽电机展开图。

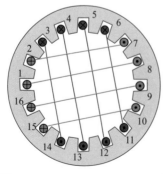

图5-4 单相2极16槽单层同心式绕组圆形图

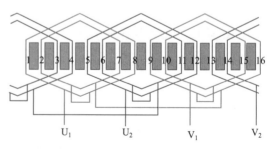

图5-5 单相2极16槽单层同心式绕组展开图

二、单相异步电动机绕组及嵌线方法

1. 双层叠绕组

双层叠绕组也称双层绕组。采用这种绕组时，在定子铁芯的槽中有上、下两层线圈，两层线圈中间用层间绝缘隔开。如果线圈的一边在槽中占一层位置，则另一边在另一槽中占下层位置。各线圈的形状一样，互相重叠，故称叠绕组。双层绕组的应用比较灵活，它的线圈节距能任意选择，可以是整距，也可以是短距。短距绕组能削弱感应电势中的谐波电势及磁势中的谐波磁势，可以改善电动机的启动和运行性能。尽管在单相异步电动机中大多采用单层绕组，但低噪声、低振动的精密电动机仍采用双层绕组。通常，一般将绕组的节距缩短 1/3 极距，即采用 $Y=\dfrac{2}{3}\tau$（τ 为极距）。图 5-6 为电阻分相式单相异步电动机定子双层绕组的构成及展开图。定子槽数 $Z=24$，极数 $2P=4$，主绕组占 16 槽，副绕组占 8 槽。

（1）线圈的排列及绕组图的绘制 双层绕组线圈的分布和排列要符合单相异步电动机绕组构成与排列的基本原则。以 24 槽、4 极、$Y=1—5$ 为例，对绕组图的绘制步骤介绍如下。

❶ 划分极相组：先绘出 24 槽，标出各槽号，然后将总槽数 24 分为相等的四份。第一等份即代表一个磁极距，共 6 槽，用箭头分别标出每一极距下的电流方向，在 r_1 和 r_3 范围内，线槽电流方向向上，r_2 和 r_4 范围内，线槽内的电流方向向下。再按主绕组占定子总槽数的比例，将每极下的槽数分为两部分，即每极下主绕组占 $\dfrac{2}{3}\times6=4$ 槽，副绕组占 $\dfrac{1}{3}\times6=2$ 槽。最后，标出各极相组的相属。

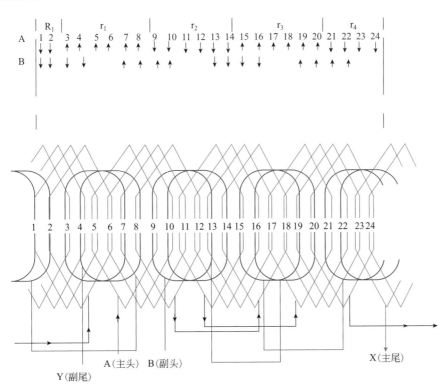

图5-6 24槽、4极、$Y=1—5$单相异步电动机定子双层绕组的构成及展开图

❷ 连接主绕组：将各级相组所属的线圈依次串成一个线圈组，再标槽号。即线圈上层边所占的槽为定子槽号。下层边应嵌的槽号由线圈的节距来确定。由于线圈组的数目等于极数，所

以 4 个线圈组应按反串连接法连接，引出两个端头 D_1 和 D_2，即形成主绕组。

❸ 连接副绕组：在图 5-6 中，副绕组共占 8 槽，每极下占 2 槽，各自串联起来后共有 4 个线圈组。同主绕组一样，采用反串连接法连接，引出两个端头 F_1 和 F_2，即形成副绕组。

（2）嵌线方法　双层绕组嵌线方法比较简单，仍以定子 24 槽、4 极电动机为例。其嵌线顺序如下：

❶ 选好起嵌槽的位置，嵌线前，应先妥善选好嵌槽的位置，使引出线靠近出线孔。

❷ 确定吊把线圈数，开始嵌线时，先确定暂时不嵌的吊把线圈数，其数目与线圈节距的跨槽数 Y 相等。本例中 $Y=4$，即有 4 只线圈的上层边暂时不嵌，嵌线时先嵌它们的下层边。

❸ 主、副绕组嵌线顺序：先将主绕组的线圈组 5、6、7、8 线圈的下层边嵌入 9、10、11、12 槽内，上层边不嵌，然后将副绕组的线圈组 9、10 线圈的下层边嵌入 18、14 槽内，上层边嵌入 9、10 槽内。依次嵌入其后各线圈的下层边与上层边。嵌线时，每个线圈下层边嵌入槽内后，都要在它的上面垫好层间绝缘。待全部线圈的下层边嵌入后，再将吊把线圈上层依次嵌入槽的上层。

❹ 绕组的连接：主、副绕组各自按"反串"法连接（头接头，尾接尾）。即上层边引出线接上层边引出线，下层边引出线接下层边引出线。或称面线接面线，底线接底线。

2. 单层链式绕组

链式绕组的线圈形状有如链形。24 槽、4 极单链绕组的展开图如图 5-7 所示。每极下主绕组占 4 槽（ $C_1=4$ ），副绕组占 2 槽（ $Q_2=2$ ）。

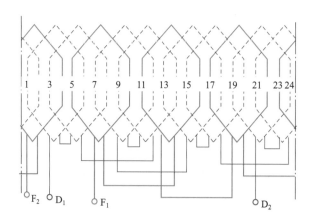

图5-7 24槽、4极、$Y=1$—5单链绕组展开图（$Q_1=4$，$Q_2=2$）

当单相异步电动机主、副绕组采用单层链式绕组时，其绕组排列和连接方法与双层绕组相似（见图 5-7）。绕圈节距 $Y=5$，从形式上看，线圈节距比极距短了一槽，但从两极的中心线距离来看仍属于全距绕组。

3. 单层等距交叉绕组

图 5-8 为 24 槽、4 极、$Y=6$ 等距交叉绕组展开图。主、副绕组线圈的端部叉开朝不同的方向排列。这种绕组的节距为偶数。各极相组间采用"反串"法连接。

嵌线方法（见图 5-8），确定好起嵌槽的位置后，先把主绕组两个线圈下层依次嵌入 7、8 槽内，上层边暂不嵌。空两槽，再把主绕组两个线圈下层边依次嵌入 11、12 槽内，上层边依次嵌入 5、6 槽内。再空两槽，将副绕组两个线圈下层边依次嵌入 15、16 槽内，上层边依次嵌入 9、10 槽内，以后按每空二嵌二规律，依次把主、副绕组嵌完。然后，把吊把线圈的上层边嵌入槽内，整个绕组即全部嵌好。

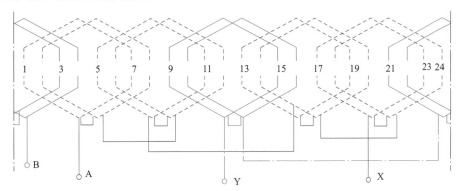

图5-8 24槽、4极、Y=6等距交叉绕组展开图（Q_1=24，Q_2=2）

4. 单层同心式绕组

单层同心式绕组是由节距不同、大小不等、与轴线同心的线圈组成的。这种绕组的绕线和嵌线都比较简单，因此在单相异步电动机中是采用最广泛的一种绕组形式。

图5-9为24槽、4极单层同心式绕组展开图。绕组的排列和连接方法与单相异步电动机的绕组相同。主、副绕组的线圈组之间为反串连接法。线圈组的大小线圈之间采用头尾相接，中间连成线圈组。

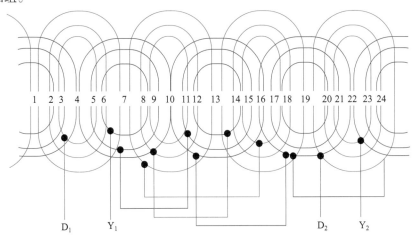

图5-9 24槽、4极单层同心式绕组展开图

5. 单叠绕组

图5-10为24槽、4极单叠绕组展开图。这种绕组的线圈端部不均匀，明显地分为两部分。主、副绕组的线圈组之间采用"顺串"法连接（头接尾，尾接头），即底线接面线，面线接底线。

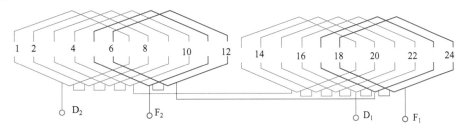

图5-10 24槽、4极单叠绕组展开图（Q_1=4，Q_2=2）

6. 正弦绕组

正弦绕组是单相异步电动机广泛采用的另一种绕组形式。正弦绕组每极下各槽的导线数互不相等，并按照正弦规律分布，这种绕组结构一般均为同心式结构。通常，线圈的节距越大，匝数越多；线圈的节距越小，匝数越少。由于同一相线圈内的电流相等，而每个线圈匝数不等，所以各槽电流与槽内导体数成正比。当各槽的导体按正弦规律分布时，槽电流的分布也将符合正弦波形，因而正弦绕组建立的磁势、空间分布波形也接近正弦波。

正弦绕组可以明显地削弱高次谐波磁势，从而可改善电动机的启动和运行性能。

采用正弦绕组后，电动机定子铁芯槽内主、副绕组不再按一定的比例分配，而各自按不同数量的导体分布在定子各槽中。

正弦绕组每极下匝数的分配是，把每相每极的匝数看作百分之百，根据各线圈节距 1/2 的正弦值来计算各线圈匝数所应占每极匝数的百分比。根据节距和槽内导体分布情况，正弦绕组可以分为偶数节距和奇数节距，如图 5-11 所示。在奇数节距时，槽 1 和槽 10 内放有两个绕组的线圈，因此线圈 1—10 的匝数只占正弦计算值的 1/2。

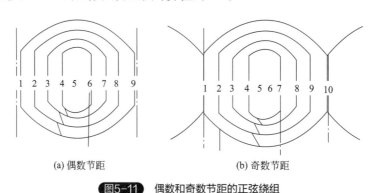

(a) 偶数节距　　　　　　　　(b) 奇数节距

图5-11　偶数和奇数节距的正弦绕组

以图 5-11 所示的正弦绕组（每极下有 9 槽，每极串联导体的总匝数为 W）为例，说明各槽导体数求法。

❶ 偶数节距方案：线圈 1—9 节距 1/2 的正弦值 $= \sin\left(\dfrac{8}{9} \times 90°\right) = \sin 80° = 0.985$

线圈 2—8 节距 1/2 的正弦值 $= \sin\left(\dfrac{6}{9} \times 90°\right) = \sin 60° = 0.866$

线圈 3—7 节距 1/2 的正弦值 $= \sin\left(\dfrac{4}{9} \times 90°\right) = \sin 40° = 0.643$

线圈 4—6 节距 1/2 的正弦值 $= \sin\left(\dfrac{2}{9} \times 90°\right) = \sin 20° = 0.342$

每极下各线圈正弦值的和为

$0.985 + 0.866 + 0.643 + 0.342 = 2.836$。

各线圈匝数的分配分别为

线圈 1—9 为 $\dfrac{0.985}{2.836} = 0.347$，

即为每极总匝数 W 的 34.7%。

线圈 2—8 为 $\dfrac{0.866}{2.836} = 0.305$，

即为每极总匝数 W 的 30.5%。

线圈 3—7 为 $\dfrac{0.643}{2.836}=0.227$，

即为每极总匝数 W 的 22.7%。

线圈 4—6 为 $\dfrac{0.342}{2.836}=0.121$，

即为每极总匝数 W 的 12.1%。

❷ 奇数节距方案：奇数节距方案每极下各线圈匝数的求法步骤和偶数节距大体相同，不同的是节距为整距（$Y=9$）的那一只线圈，由于有 1/2 在相邻的另一极下，故其线圈节距 1/2 的正弦值应为计算值的 1/2。则有

线圈 1—10 节距 1/2 的正弦值 $=\dfrac{1}{2}\sin\left(\dfrac{9}{9}\times90°\right)=\dfrac{1}{2}\sin90°=0.5$

线圈 2—9 节距 1/2 的正弦值 $=\sin\left(\dfrac{7}{9}\times90°\right)=\sin70°=0.9397$

线圈 3—8 节距 1/2 的正弦值 $=\sin\left(\dfrac{5}{9}\times90°\right)=\sin50°=0.766$

线圈 4—7 节距 1/2 的正弦值 $=\sin\left(\dfrac{3}{9}\times90°\right)=\sin30°=0.5$

每极下各线圈正弦值的和为

$0.5+0.9397+0.766+0.5=2.706$。

各线圈匝数的分配分别为

线圈 1—10 为 $\dfrac{0.5}{2.706}=0.185$，

即为每极总匝数 W 的 18.5%。

线圈 2—9 为 $\dfrac{0.9397}{2.706}=0.347$，

即为每极总匝数 W 的 34.7%。

线圈 3—8 为 $\dfrac{0.766}{2.706}=0.283$，

即为每极总匝数 W 的 28.3%。

线圈 4—7 为 $\dfrac{0.5}{2.706}=0.185$，

即为每极总匝数 W 的 18.5%。

正弦绕组可有不同的分配方案，对不同的分配方案，基波系数的大小和谐波含量也有差别。通常，线圈所占槽数越多，基波绕组系数越小，谐波强度也越小。另外，由于小节距线圈所包围的面积小，产生的磁通也少，所以对电动机性能的影响也很小。有时为了节约铜线，常常去掉不用。

三、各种单相异步电动机定子绕组举例

1. 洗衣机电动机的定子绕组（洗涤电动机，如图 5-12 与图 5-13 所示）

洗衣机电动机多为 24 槽 4 极，电容分相式电动机。定子绕组采用正弦绕组的第二种嵌线方式。电动机定子的主绕组和副绕组匝数、线径及绕组分布都相同。

由图 5-12 可见，每极下每相绕组只有两个线圈（大线圈和小线圈）。大线圈的跨距为 Y_{1-7}，小线圈的跨距为 $Y_{2-6}=4$。主、副绕组对应参数相同，只需要大、小两套线圈模具即可。这种定子绕组的嵌线方式目前使用得比较多。

大、小线圈的匝数：Y_{1-6}，大线圈 =90 圈；Y_{2-7}，小线圈 =180 圈。

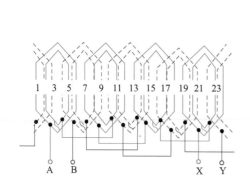

图5-12 洗衣机电动机第一种定子绕组展开图　　图5-13 洗衣机电动机第二种定子绕组展开图

洗衣机电动机第一种定子绕组展开图如图 5-12 所示。图中主、副绕组大线圈单独占定子槽，主绕组和副绕组的小线圈边合用定子槽。例如在 2 号槽内不仅有主绕组的小线圈边，还有副绕组的小线圈边。

使用洗衣机电动机定子绕组第二种嵌线方式时，每极每相各线圈匝数为：Y_{1-6}，大线圈 =180 圈；Y_{2-5}，小线圈 =90 圈。实际每相绕组匝数为 90+180=270 圈。

通过上述分析，可以得出洗衣机电动机定子绕组的大线圈匝数与小线圈匝数比为 1 ： 2 或 2 ： 1。绕组的导线线径 $\phi =0.36 \sim 0.38$mm。

2. 电冰箱压缩机电动机定子绕组

电冰箱压缩机电机有两种：第一种为 32 槽，4 极电动机；第二种为 24 槽，2 极电动机。

（1）LD5801 型电冰箱压缩机电机定子绕组展开图和有关参数

❶ 定子展开图如图 5-14、图 5-15 所示。

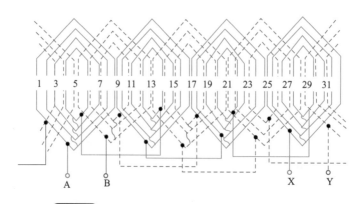

图5-14 LD5801型电冰箱压缩机电机定子绕组展开图

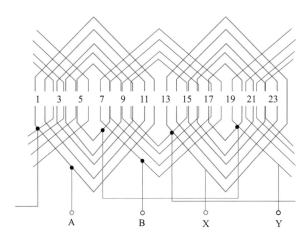

图5-15 QF-12-75和QF-12-93型电冰箱压缩机电机定子绕组展开图

❷ 电机有关参数如表 5-1 所示。

技术规格	LD5801		QF-12-75		QF-12-93	
工作电压 /V	200		220		220	
额定电流 /A	1.4		0.9		1.2	
输出功率 /W	93		75		93	
额定转速 /（r/min）	1450		2800		2800	
定子绕组采用 QZ 或 QF 漆包线	运行	启动	运行	启动	运行	启动
导线直径 /mm	0.64	0.35	0.59	0.31	0.64	0.35
匝数 小小线圈	71		45		36	
匝数 小线圈	96	33	67	60	70	40
匝数 中线圈	125	40	101	70	81	60
匝数 大线圈	65	50	117	100	92	70
匝数 大大线圈			120	140	98	200
定子绕组匝数	357×4	123×4	470×2	370×2	379×2	370×2
绕组电阻值（直流电阻）/Ω	17.32	20.8	16.3	45.36	11.81	41.4
定子铁芯槽数	32		24		24	
绕组跨距 小小线圈	2		3		3	
绕组跨距 小线圈	4	4	5	5	5	5
绕组跨距 中线圈	6	6	7	7	7	7
绕组跨距 大线圈	8	8	9	9	9	9
绕组跨距 大大线圈			11	11	11	11
定子铁芯叠厚 /mm	28		25		25	

表5-1 电机有关参数（一）

（2）LD-1-6 型电冰箱压缩机电机绕组展开图和有关参数

❶ LD-1-6 型电冰箱压缩机电机绕组展开图，见图 5-16。

❷ 5608（Ⅰ）型和5608（Ⅱ）型电冰箱压缩机电机绕组展开图，见图5-17。

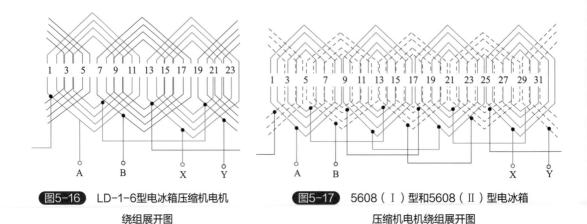

图5-16　LD-1-6型电冰箱压缩机电机
绕组展开图

图5-17　5608（Ⅰ）型和5608（Ⅱ）型电冰箱
压缩机电机绕组展开图

❸ 电机有关参数见表5-2。

表5-2　电机有关参数（二）						
技术规格	LD-1-6		5608（Ⅰ）		5608（Ⅱ）	
工作电压 /V	220		220		220	
额定电流 /A	1.1		1.6		1.6	
输出功率 /W	93		125		125	
额定转速 /（r/min）	2800		1450		1450	
定子绕组采用 QZ 或 QF 漆包线	运行	启动	运行	启动	运行	启动
导线直径 /mm	0.64	0.35	0.7	0.37	0.72	0.35
匝数　小小线圈			62		59	
匝数　小线圈	65	41	91	33	61	34
匝数　中线圈	85	50	110	54	81	46
匝数　大线圈	113	$120{+65 \atop -26}$	100	70	46	50
匝数　大大线圈	113	$119{+20 \atop -97}$				
绕组总匝数	370×2	238×2	363×2	157×4	247×4	130×4
绕组电阻值（直流电阻）/Ω	12	33	14	27.2	10.44	23.52
定子铁芯槽数	24		32		32	
绕组跨距　小小线圈			2		2	
绕组跨距　小线圈	5	5	4	4	4	4
绕组跨距　中线圈	7	7	6	6	6	6
绕组跨距　大线圈	9	9	8	8	8	8
绕组跨距　大大线圈	11	11				
定子铁芯叠厚 /mm	28		36		36	

（3）FB-516 型电冰箱压缩机电机定子绕组展开图和有关数据

❶ FB-516 型电冰箱压缩机电机定子绕组展开图，见图 5-18。

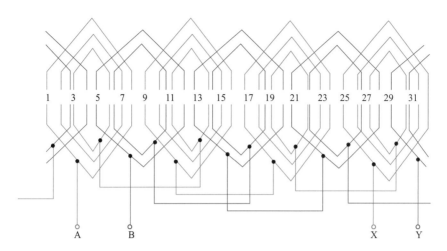

图5-18 FB-516型电冰箱压缩机电机定子绕组展开图

❷ FB-517 型电冰箱压缩机电机定子绕组展开图，见图 5-19。

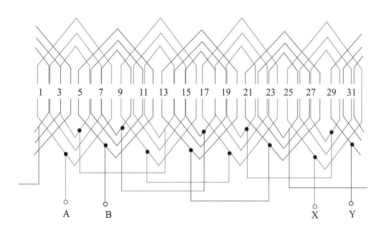

图5-19 FB-517型电冰箱压缩机电机定子绕组展开图

❸ FB-505 型电冰箱压缩机电机定子绕组展开图，见图 5-20。

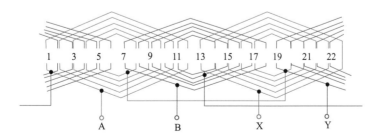

图5-20 FB-505型电冰箱压缩机电机定子绕组展开图

❹ 电机有关参数见表 5-3。

技术规格	FB-516		FB-516（517 Ⅰ）		FB-505		FB-617 Ⅱ	
工作电压 /V	220		220	220	220		220	
额定电流 /A	1.2～1.5		1.7	1.3	0.7		1.1	
输出功率 /W	93		93	93	65		93	
额定转速 /（r/min）	1450		1450	1450	2850		2850	
定子绕组采用 QZ 或 QF 漆包线	运行	启动	运行	启动	运行	启动	运行	启动
导线直径 /mm	0.59～0.61	0.38	0.38	0.38	0.51	0.31	0.64	0.38
匝数 小小线圈					88	53	41	
匝数 小线圈	90		90	18	88	53	78	46
匝数 中线圈	118	41	110	35	131	79	88	64
匝数 大线圈	122	102	137	95	131	79	103	68
匝数 大大线圈					175	104	105	70
绕组总匝数	330×4	143×4	337×4	148×4	618×2	368×2	415×2	248×2
绕组电阻值（直流电阻）/Ω	19～20	24～25	14～16	21				
定子铁芯槽数	32		32		24		24	
绕组跨距 小小线圈					3	3	3	
绕组跨距 小线圈	3		3	3	5	5	5	5
绕组跨距 中线圈	5	5	5	5	7	7	7	7
绕组跨距 大线圈	7	7	7	7	9	9	9	9
绕组跨距 大大线圈					11	11	11	11
定子铁芯叠厚 /mm	28		28		30		40	

表5-3　电机有关参数（三）

3. 电风扇电动机的定子绕组

电风扇所用的都是电容分相式单相异步电动机。吊扇所用的为外转子式的特殊单相电动机，定子一般为 36 槽 16 极，转速为 333r/min。台扇和落地扇所用的为普通的内转子式电动机，其定子多为 16 槽和 8 槽，有 4 个磁极，转速为 1450r/min。

电风扇电动机定子绕组一般采用单层链式绕组。下面为几种形式电动机定子绕组的展开图。

（1）华生牌吊扇电机绕组展开图和技术参数

❶ 绕组展开图（36 槽 18 极电机），见图 5-21。

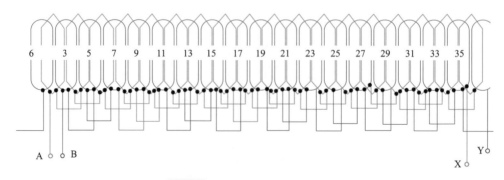

图5-21　华生牌吊扇电机绕组展开图

❷ 技术参数如表 5-4 所示。

规格 /mm	电压值 /V	电源频率 / Hz	铁芯叠厚 / mm	内定子铁 芯槽数	电容 /μF （耐压）	主绕组		副绕组	
						线径 /mm	匝数	线径 /mm	匝数
900	220	50	23	36	1.2 （400V）	ϕ 0.27	295 × 18	ϕ 0.23	400 × 18
1050	220	50	23	36	1.2 （400V）	ϕ 0.27	295 × 18	ϕ 0.23	400 × 18
1200	220	50	28	36	1.5 （400V）	ϕ 0.29	240 × 18	ϕ 0.27	300 × 18
1400	220	50	28	36	2.4 （400V）	ϕ 0.29	240 × 18	ϕ 0.27	300 × 18

（2）落地扇和台扇定子绕组展开图及技术参数

❶ 8 槽 4 极电机节距为 2 定子绕组展开图，见图 5-22。

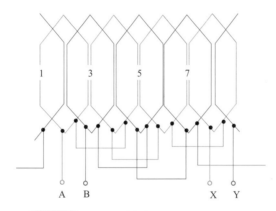

图5-22　8槽4极电机节距为2定子绕组展开图

❷ 16 槽 4 极电动机定子绕组展开图，见图 5-23。

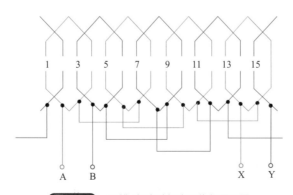

图5-23　16槽4极电动机定子绕组展开图

❸ 技术参数如表 5-5 所示。

表5-5　落地扇和台扇定子绕组技术参数

规格/mm	电压/V	频率/Hz	叠厚/mm	铁芯槽数	电容/μF（耐压）	主绕组		副绕组	
						线径/mm	匝数	线径/mm	匝数
400	200/220	50	32	8	1.35（400V）	φ0.25	475×4	φ0.19	790×4
400	220	50	28	16	1.2（400V）	φ0.21	700×4	φ0.17	980×4
350	220	50	32	8	1.2（400V）	φ0.23	560×4	φ0.19	790×4
300	220	50	20	16	1.2（400V）	φ0.18	880×4	φ0.18	880×4
300	200/220	50	26	8	1（500V）	φ0.21	650×4	φ0.17	900×4
250	110	50	20	8	2.5（250V）	φ0.25	455×4	φ0.19	710×4
250	190/200	50	20	8	1.2（400V）	φ0.19	825×4	φ0.19	710×4
250	220	50	20	8	1（600V）	φ0.17	935×4	φ0.17	980×4
250	220	50	20	8	1（500V）	φ0.17	935×4	φ0.15	1020×4
200（230）	200/220	50	28	8	1（500V）	φ0.17	840×4	φ0.15	1020×4
200	190～230	50	22	8	1（500V）	φ0.15	960×4	φ0.15	1160×4

　　洗衣机和电冰箱电动机的定子绕组采用正弦绕组，也就是绕组分布规律为正弦。电风扇电动机采用单层链式绕组，其单元绕组的跨距相同。

　　上述所讲的电动机定子绕组，无论采用正弦绕组还是采用链式绕组，主绕组与副绕组在空间上都相差90°电角度。这是分相式电动机一个重要的特点。

　　（3）用自身抽头调速风扇电机的绕组　这种电机绕组由于存在运行绕组、启动绕组及调速绕组，因此下线接线都比较麻烦。下面以葵花牌FL40-4型风扇电机为例说明，图5-24为其展开图。

　　电机定子共16槽，8个大槽，8个小槽；每个线圈的间距为4槽；每个绕组由4个线圈对称均匀分布。

　　❶ 调速绕组　它采用φ0.15mm高强度漆包线，双股并绕4个线圈，每个线圈180圈（双线180圈），图5-25所示为其下线结构及接线方法。

　　从图5-24、图5-25中我们可以看到，调速绕组在下线时应分为两组进行，其1、2两个线圈单个绕制为第一组，3、4两个绕圈为第二组。第一组的两个线圈分别下入1—4槽、5—8槽。第二组的两个线圈分别下入9—12槽、13—16槽。应注意的是：虽然调速绕组是双线并绕，但应单股相接，相连时不能混乱。具体接线时应将第一组的两个线圈先用里接里或外接外的方法连接起来。再将第二组的两个线圈连接起来，如图中所示。然后将第一组第二个线圈2与第二组的第一个线圈3连接起来。图中为里头相接。最后将第一个线圈1的两个里头分别接入选择开关的慢速接点和电机运行及启动的公用点，将第二组的第二个线圈4的两个里头分别接入选择开关的中速接点及公用点。

　　❷ 主绕组（运行绕组）　定子的主绕组用φ0.20mm的高强度漆包线绕制，它采用单股线绕制四个线圈，每个线圈为700圈，主绕组的四个线圈，也分两组，第一组的1、2两个线圈下入调速绕组的第一组槽内，即1—4槽、5—8槽。下线时必须在调速绕组的线上垫一层绝缘纸。绕组的第二线圈3、4，下入调速绕组的第二组槽（9—13槽、13—16槽）内。其接线方法

与调速绕组相同，见图5-26。第一组的两个线圈外头与外头相连，第二组的两个线圈外头与外头相连。再将第一组第二个线圈 2 与第二组第一个线圈 3 里头与里头相连。最后将第一组第一个线圈 1 里头接选择开关的公用点，第二组第二个线圈 4 的里头接电源的端点。

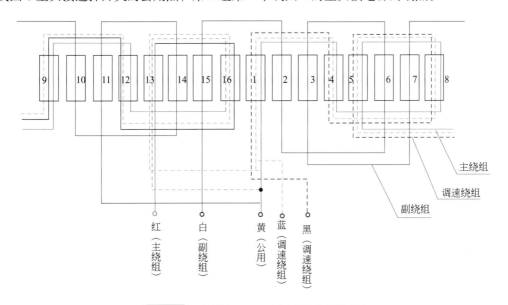

图5-24 葵花牌FL40-4型电风扇电机展开图

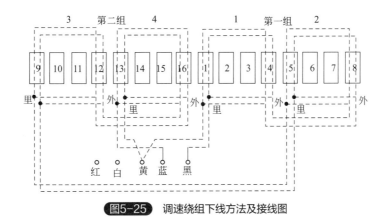

图5-25 调速绕组下线方法及接线图

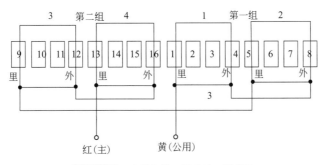

图5-26 主绕组的下线方法和接线图

❸副绕组（启动绕组） 定子中的副绕组，用 φ0.15mm 的高强度漆包线单绕制四个线圈，每个 1000 圈。其下线时也分为两组：第一组的两个线圈下入 15—2 槽、3—6 槽，第二组的两个线圈下入 7—10 槽、11—14 槽。其接线方法与上述一样，见图 5-27。最后将第一组的第一个线圈 1 的里头接电机的启动电容接点（"白"），将第二组的第二个线圈 4 的里头接选择开关的公用点。

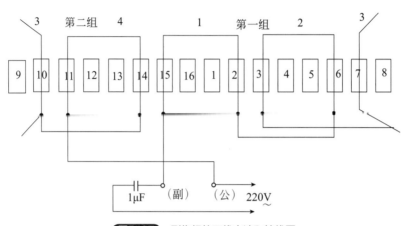

图5-27 副绕组的下线方法和接线图

4. 罩极电动机绕组

（1）罩极电动机 2 极 16 槽同心式绕组展开分解图 见图 5-28。启动线圈 4、10、5、11、12、2、13、3 槽绕组展开分解图，见图 5-28（b）。

图 5-28 所示的启动线圈下线方法与图 5-29 所示的启动线圈下线方法一样，只是所占据的槽数不一样，图 5-29 第一个启动线圈占据 3、9、4、10 槽，图 5-28 所示的第一个启动线圈占据 4、10、5、11 槽，很相似，图 5-29 的第二个启动线圈占据 11、1、12、2 槽，图 5-28 的第二个启动线圈占据 12、2、13、3 槽。

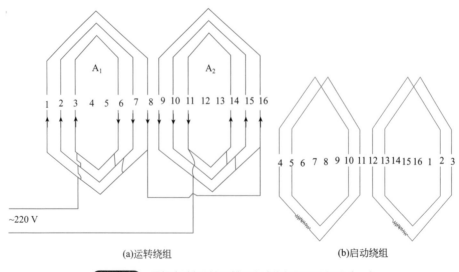

(a)运转绕组　　　　　(b)启动绕组

图5-28 罩极电动机2极16槽同心式绕组展开分解图（一）

这些形式的绕组广泛应用于 40～60W 鼓风机中。根据设计，同功率不同厂家的产品，其启动线圈直径、长度和运转绕组导线直径、每个线把的匝数不同，在更换绕组前必须留下原始数据，运转绕组、启动线圈必须按原始数据更换。

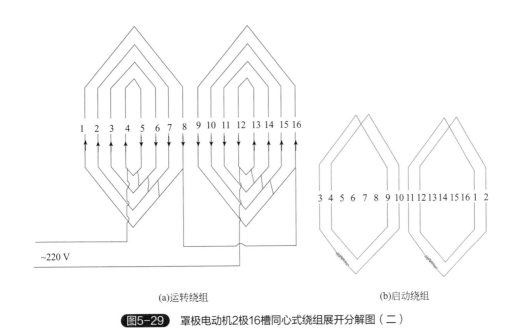

(a)运转绕组　　　　　　　　　　　　　　(b)启动绕组

图5-29 罩极电动机2极16槽同心式绕组展开分解图（二）

（2）单相罩极电动机 2 极 18 槽同心式绕组展开分解图　见图 5-30。

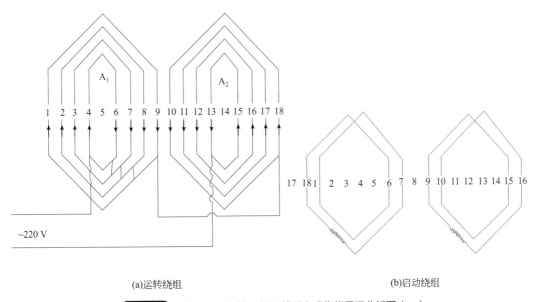

(a)运转绕组　　　　　　　　　　　　　　(b)启动绕组

图5-30 单相罩极电动机2极18槽同心式绕组展开分解图（一）

启动线圈是四组的绕组展开分解图，见图 5-31。

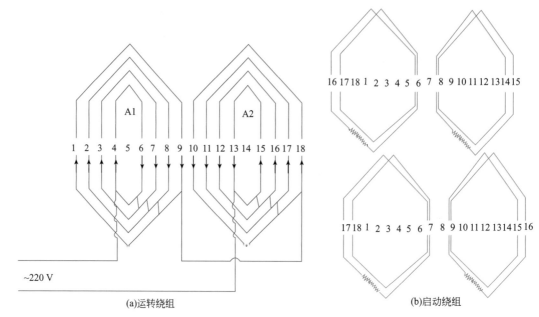

(a)运转绕组

(b)启动绕组

图 5-31 单相罩极电动机 2 极 18 槽同心式绕组展开分解图（二）

（3）单相罩极电动机 2 极 24 槽同心式绕组展开分解图　见图 5-32。

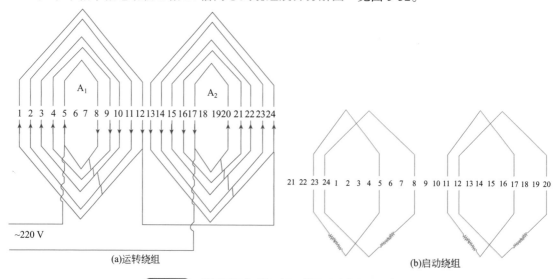

(a)运转绕组

(b)启动绕组

图5-32 单相罩极电动机2极24槽同心式绕组展开分解图

第三节
单相异步电动机的故障处理与绕组重绕的计算

一、单相异步电动机的应用

单相异步电动机因为结构和启动方式不同，其性能也有所不同，在选用电动机时可参考表 5-6，另外还要注意以下几点。

表5-6 单相异步电动机的性能及应用

类型	电阻分相式	电容启动式	电容运转式	电容启动和运转式	罩极式
系列代号	BO1	CO1	DO1		
标准号	JB1010-81	JB1011-81	JB1012-81		
功率范围 /W 最大转矩倍数 最初启动转矩倍数 最初启动电流倍数	80～570 >1.8 1.1～1.37 6～9	120～750 >1.8 2.5～3 4.5～5.5	6～250 >1.8 0.35～1 5～7	6～150 >2.0 >1.8	1～120
典型用例	具有中等的启动转矩和过载能力，适用于小型车床、鼓风机械、医疗器械等	具有较高的启动转矩，用于小型空气压缩机、电冰箱、磨粉机、水泵及其他满载启动的机械	启动转矩低，但具有较高的效率和功率因数，体积小，用于电风扇、通信机、洗衣机、录音机及各种轻载和轻载启动的机械	具有较好的启动、运行性能，适用于家用电器、泵、小型机床等	启动和运行性能均较差，适用于小型风扇、电动及各种空载或空载启动的小器具

❶ 电阻分相式单相异步电动机副绕组的电流密度很高，因此启动时间不能过长，也不宜频繁启动。如使用中出现特大过载转矩的情况（工业缝纫机卡住），不宜选用这种电动机，否则离心开关或启动继电器将再次闭合，容易使副绕组烧坏。

❷ 电容启动式单相异步电动机的启动电容（电解电容）通电时间一般不得超过 3s，而且允许连续接通的次数低，故不宜用在频繁启动的场合。

❸ 电容运转式单相异步电动机有空载过流的情况（即空载温升比满载温升高），因此选用这类电动机时，其功率余量一般不宜过大，应尽量使电动机的额定负载相接近。

从以上五种类型的单相异步电动机来看，它们在单相电源情况下是不能自行启动的，必须加启动绕组（副绕组）。因为单相电流在绕组中产生的磁势是脉振磁势，在空间并不形成旋转磁效应。所以单相电动机的转矩为零。如果用足够的外力推动单相电动机转子（可用绳子缠住转轴若干圈，接通电源后，迅速拉绳子，使转子飞速旋转），如果沿顺时针方向推动转子，则电动机会产生一个顺时针方向的转动力矩，转子就会沿顺时针方向继续旋转，并逐步加速到稳定运行状态；如果外力使转子沿逆时针方向转动，则电动机就会产生一个逆时针方向的转动力矩，使转子沿逆时针方向继续旋转，并逐步加速到稳定运行状态。所以要改变单相的转动力矩，只需将副绕组的头尾对调一下就行了。当然对调主绕组的头尾也可以。这是单相异步电动机的显著特点。平时我们在修理单相电动机时，如发现主绕组尚好，副绕组已坏，可采用加外力启动的方法，如电动机运行正常，则可以证实运行绕组完好，启动绕组有问题。

二、单相异步电动机的故障及处理方法

单相电动机由启动绕组和运转绕组组成定子。启动绕组的电阻大，导线细（俗称小包）。运转绕组的电阻小，导线粗（俗称大包）。

在单相异步电动机的故障中，有大多数是由于电动机绕组烧毁而造成的。因此在修理单相异步电动机时，一般要做电气方面的检查，首先要检查电动机的绕组。

（1）单相电动机的启动绕组和运转绕组的分辨方法 用万用表的 R×1 挡测量公共端子、运转端子（主线圈端子）、启动线圈端子（辅助线圈端子）三个接线端子的每两个端子之间电阻值。测量时按下式（一般规律，特殊除外）：

总电阻＝启动绕组电阻＋运转绕组电阻

已知其中两个值即可求出第三个值。

小功率的压缩机用电动机的电阻值，见表5-7。

表5-7　小功率电动机电阻值

电动机功率 /kW	启动绕组电阻 /Ω	运转绕组电阻 /Ω
0.09	18	4.7
0.12	17	2.7
0.15	14	2.3
0.18	17	1.7

（2）单相电动机的故障　单相电动机常见故障有：电机漏电、电机主轴磨损和申机绕组烧毁。

造成电机漏电的原因有：

❶ 电机导线绝缘层破损，并与机壳相碰。

❷ 电机严重受潮。

❸ 组装和检修电机时，因装配不慎使导线绝缘层受到磨损或碰撞，导线绝缘率下降。

电动机因电源电压太低，不能正常启动或启动保护失灵，以及制冷剂、冷冻油含水量过多，绝缘材料变质等也能引起电机绕组烧毁和断路、短路等故障。

电机断路时，不能运转，如有一个绕组断路时电流值很大，也不会运转。由于振动，电机引线可能烧断，使绕组导线断开。保护器触点跳开后不能自动复位，也是断路。电机短路时，电机虽能运转，但运转电流大，致使启动继电器不能正常工作。短路原因有匝间短路、通地短路和鼠笼线圈断条等。

（3）单相电动机绕组的检修　电动机的绕组可能发生断路、短路或碰壳通地。简单的检查方法是用一只220V、40W的试验灯泡连接在电动机的绕组线路中，用此法检查时，一定要注意防止触电事故。为了安全，可使用万用表检测绕组通断（图5-33）与接地（图5-34）。

单相电动机绕组
检测

图5-33　用万用表检查电动机绕组

图5-34　用万用表检查电动机通地

检查断路时可用欧姆表，将一根引线与电动机的公共端子相接，另一根线依次接触启动绕组和运转绕组的接线端子，用来测试绕组电阻。如果所测阻值符合产品说明书规定的阻值（或启动绕组电阻和运转绕组电阻之和等于公用线的电阻），即说明电动机绕组良好。

测定电动机的绝缘电阻，用兆欧表或万用表的 R×1k、R×10k 电阻挡测量接线柱对压缩机外壳的绝缘电阻，判断是否通地。一般绝缘电阻应在 2MΩ 以上，如果绝缘电阻低于 1MΩ，表明压缩机外壳严重漏电。

如果用欧姆表测绕组电阻时发现电阻无限大，即为断路；如果电阻值比规定值小得多，即为短路。

电动机的绕组短路包括：匝间短路、绕组烧毁、绕组间短路等。可用万用表或兆欧表检查相间绝缘，如果绝缘电阻过低即表明匝间短路。

绕组部分短路和全部短路表现不同，全部短路时可能会有焦味或冒烟。

通地检查时，可在压缩机底座部分外壳上某一点将漆皮刮掉，再把试验灯的一根引线接头与底座的这一点接触。试验灯的另一根引线则接在压缩机电动机的绕组接点上。

接通电源后，如果试验灯发亮则该绕组通地。如果试验灯暗红则表示该绕组严重受潮。受潮的绕组应进行烘干处理。烘干后用兆欧表测定其绝缘电阻，当电阻值大于 5MΩ 时，方可使用。

（4）绕组重绕　电动机转子用铜或合金铝浇铸在冲孔的硅钢片中，形成笼型转子绕组。当电机损坏后，可进行重绕。当电机修好后，应按下面介绍内容进行测试。

❶ 电机正反转试验和启动性试验：电机的正反转是由接线方法来决定的。电机绕组下好线以后，连好接线，先不绑扎，首先做电机正反转试验。其方法是：用直径 0.64mm 的漆包线（去掉外皮），做一个直径为 1cm 左右的闭合小铜环，铜环周围用棉丝缠起来。然后用一根细棉线将其吊在定子中间，将运转与启动绕组的出头并联，再与公共端接通 110V 交流电源（用调压器调好）。当短暂通电时（通电时间不宜超出 1min），如果小铜环顺转则表明电动机正转，如果小铜环逆转则代表电机反转。如果电机运转方向与原来不符，可将启动绕组的其中一个线包里外头对调。

在组装电动机后，进行空载试验时，所测量电动机的电流值应符合产品说明书的设计技术标准。空载运转时间应连续 4h 以上，并观察其温升情况。如果温升过高，可考虑电机定子与转子的间隙是否合适或电动机绕组本身有无问题。

❷ 空载运转时，要注意电动机的运转方向。从电动机引出线看，转子是逆时针方向旋转。有的电机最大的一组启动绕组中，可见反绕现象，在重绕时要注意按原来反绕匝数绕制。

三、单相异步电动机的重绕计算

1. 主绕组计算

（1）测量定子铁芯内径 D_1（cm），长度 L_1（cm），槽形尺寸，记录定子槽数 Z_1，极数 $2P$

（2）极距：

$$\tau = \frac{\pi D_1}{2P}$$

（3）每极磁通量：

$$\Phi = \alpha\delta\beta\delta\tau L_1 \times 10^{-4}\text{(Wb)}$$

式中，$\alpha\delta$ 为极弧系数，其值为 $0.6 \sim 0.7$；$\beta\delta$ 为气隙磁通密度，T。$2P=2$，$\beta\delta=0.35 \sim 0.5$；$2P=4$，$\beta\delta=0.55 \sim 0.7$。对小功率、低噪声电动机取小值。

（4）串联总匝数：

$$W_m = \frac{E}{4.44 f \Phi K_w} \text{（匝）}$$

式中，E 为绕组感应电势，V，通常 $E = \zeta U_N$，其中 U_N 为外施电压，$\zeta = 0.8 \sim 0.94$，功率小，极数多的电动机取小值；K_w 为绕组系数，集中绕组 $K_w = 1$，单层绕组 $K_w = 0.9$，正弦绕组 $K_w = 0.78$。

（5）匝数分配（用于正弦绕组）：

❶ 计算各同心线把的正弦值：

$$\sin(x - x) = \sin\left[\frac{Y(x - x)}{2} \times \frac{\pi}{\tau}\right]$$

式中，$\sin(x - x)$ 为某一同心线把的正弦值；$Y(x - x)$ 为该同心线把的节距；π 为每极相位差（$\pi = 180°$）；τ 为极距，槽。

❷ 每极线把的总正弦值：

$$\Sigma \sin(x - x) = \sin(x_1 - x_1) + \sin(x_2 - x_2) + \cdots + \sin(x_n - x_n)$$

❸ 各同心线把占每极相组匝数的比例：

$$n(x - x) = \frac{\sin(x - x)}{\Sigma \sin(x - x)} \times 100\%$$

（6）导线截面积　在单相电动机中，主绕组导线较粗，应根据主绕组来确定槽满率。

❶ 槽的有效面积：

$$S'_C = K S_C \text{（mm}^2\text{）}$$

式中，S_C 为槽的截面积，mm²；K 为槽内导体占空比，$K = 0.5 \sim 0.6$。

❷ 导线截面积：

$$S_m = \frac{S'_e}{N_m}$$

式中，N_m 为主绕组每槽导线数，根。

对于主绕组占总槽数 2/3 的单叠绕组：

$$N_m = \frac{2W_m}{\frac{2}{3}Z_1} = \frac{3W_m}{Z_1}$$

对于正弦绕组，N_m 应取主绕组导线最多的那一槽来计算。若该槽中同时嵌有副绕组时，则在计算 S_C' 时应减去绕组所占的面积，或相应降低 K 值。

当电动机额定电流已知，可按下式计算导线截面积：

$$S_m = \frac{I_N}{j} \text{（mm}^2\text{）}$$

式中，j 为电流密度，A/mm²，一般 $j = 4 \sim 7$ A/mm²，2 极电动机取较小值；I_N 为电动机额定电流，A。

（7）功率估算：

❶ $I_N = S_m j$（A）

❷ 输出功率 $P_N = U_N I_N \eta \cos\phi$ (W)

式中　η——效率，可查图 5-35 或图 5-36；

$\cos\phi$——功率因数，查图 5-35 或图 5-36。

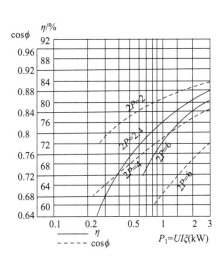

图5-35　罩极式电动机η、$\cos\phi$ 与P的关系

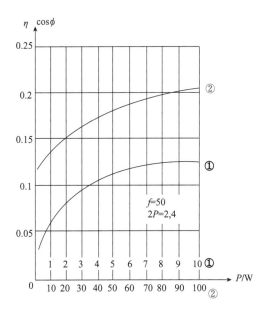

图5-36　分相式、电容启动式电动机的η及$\cos\phi$

2. 副绕组计算

（1）分相式和电容启动式电动机，副绕组串联总匝数：

$$W_n = (0.5 \sim 0.7)W_m$$

导线截面积：

$$S_n = (0.5 \sim 0.25)S_m$$

（2）电容运转式电动机，串联总匝数：

$$W_n = (1 \sim 1.3)W_m$$

导线截面积与匝数成反比，即

$$S_n = \frac{S_m}{1 \sim 1.3}$$

3. 电容值的确定

电动机的电容值按下列经验公式确定：

（1）电容启动式：

$$C = (0.5 \sim 0.8)P_N (\mu F)$$

式中，P_N 为电动机功率，W。

（2）电容运转式：

$$C = 8 j_n S_n (\mu F)$$

式中，j_n 为副绕组电流密度，A/mm²。一般取 $j_n = 5 \sim 7$A/mm²。

按计算数据绕制的电动机，若启动性能不符合要求，可对电容量或副绕组进行调整。对电容式电动机，如启动转矩小，可增大电容器容量或减少副绕组匝数；若启动电流过大，可增加匝数并同时减小电容值；如电容器端电压过高，则应增大电容值或增加副绕组匝数。对分相式电动机，若启动转矩不足，可减少副绕组匝数；若启动电流过大，则增加匝数或将导线直径改小些。

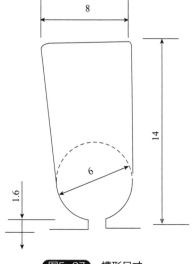

图5-37 槽形尺寸

计算实例（实例中计算所得数据取近似结果）：

【例1】 一台分相式电动机，定子铁芯内径 D_1=5.7cm，长度 L_1=8cm，定子槽数 Z_1=24，2P=2，平底圆顶槽，尺寸如图 5-37 所示。试计算 220V 时的单叠绕组数据。

解：

1. 主绕组计算

（1）极距：

$$\tau = \frac{\pi D_1}{2P} = \frac{3.14 \times 5.7}{2} = 8.95(\text{cm})$$

（2）每极磁通量　取 $\alpha\delta$=0.64，$\beta\delta$=0.45T，则：

$$\Phi = \alpha\delta\beta\delta\tau L_1 \times 10^{-4} = 0.64 \times 0.45 \times 8.95 \times 8 \times 10^{-4} = 0.206 \times 10^{-2}(\text{Wb})$$

（3）串联总匝数　取 ζ = 0.82，则：

$$W_m = \frac{E}{4.44 f \Phi K_w} = \frac{220 \times 0.82}{4.44 \times 50 \times 0.206 \times 10^{-2} \times 0.9} = 438(\text{匝})$$

（4）导线截面积：

❶ 槽的有效面积　由图 5-37 得：

$$S_C = \frac{8+6}{2}[14 - (1.5 + 0.5 \times 6)] + \frac{3.14 \times 6^2}{8} = 80.6(\text{mm}^2)$$

取 K=0.53，则：

$$S'_C = 0.53 \times 80.6 = 43(\text{mm}^2)$$

❷ 导线截面积　先求每槽导线数。设主绕组占总槽数的 2/3，则：

$$N_m = \frac{3W_m}{Z_1} = \frac{3 \times 438}{24} = 55（\text{根}）$$

即每个线把 55 匝，共 8 个线把。

则导线截面积为：

$$S_m = \frac{S'_C}{N_m} = \frac{43}{55} = 0.78(\text{mm}^2)$$

取相近公称截面为 0.785mm²，得标称导线直径为 1.0mm。

（5）功率估算：

❶ 额定电流　取 $j=5\text{A/mm}^2$，则 $I_N=S_m j=0.785\times 5=3.925(\text{A})$

❷ 输入功率

$$P_1=I_N U_N \zeta \times 10^{-3}=3.925\times 220\times 0.82\times 10^{-3}=0.7(\text{kW})$$

查图 5-36 得：$\eta=74\%$，$\cos\phi=0.85$，输出功率

$$P_N=U_N I_N \eta\cos\phi=220\times 3.925\times 0.74\times 0.85=543(\text{W})$$

2. 副绕组计算

（1）串联总匝数：

$$W_n=0.7W_m=0.7\times 438=306（匝）$$

（2）导线截面积：

$$S_n=0.25S_m=0.25\times 0.785=0.196(\text{mm}^2)$$

取相近公称截面为 0.204mm²，得线径为 0.51mm。

副绕组占 $\dfrac{Z_1}{3}=\dfrac{24}{3}=8(槽)$，每槽导线数$=\dfrac{306\times 2}{8}=76(根)$，即每个线把76匝，共4个线把。

【例2】　一台电容启动式 4 极电动机，定子铁芯内径 $D_1=7.1\text{cm}$，长度 $L_1=6.2\text{cm}$，$Z_1=24$，试计算 220V 时正弦绕组各同心线把的匝数。

解：

1. 主绕组计算

（1）极距：

$$\tau=\frac{\pi D_1}{2P}=\frac{3.14\times 7.1}{4}=5.57(\text{cm})$$

（2）每极磁通：

$$\Phi=\alpha\delta\beta\delta\tau L_1\times 10^{-4}=0.7\times 0.6\times 5.57\times 6.2\times 10^{-4}=0.145\times 10^{-2}(\text{Wb})$$

（取 $\alpha\delta=0.7$，$\beta\delta=0.6$）

（3）串联总匝数：

$$W_m=\frac{\xi U_N}{4.44f\Phi K_W}=\frac{0.8\times 220}{4.44\times 50\times 0.145\times 10^{-2}\times 0.78}=700(匝)$$

（取 $\xi=0.8$）

（4）匝数分配：

❶ 每极相组匝数

$$W_{mp}=\frac{W_m}{2P}=\frac{700}{4}=175(匝)$$

❷ 各同心线把的正弦值　主绕组采用图 5-38 所示的布线，每极由 1—3、1—5、1—7 三个同心线把组成。则：

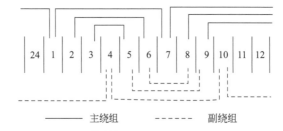

24 1 2 3 4 5 6 7 8 9 10 11 12

—— 主绕组   ------ 副绕组

图5-38 绕组布线示意图

$$\sin(1-3)=\sin\left(\frac{Y(1-3)}{2}\times\frac{\pi}{6}\right)=\sin\left(\frac{2}{2}\times\frac{180°}{6}\right)=\sin30°=0.5$$

$$\sin(1-5)=\sin\left(\frac{4}{2}\times\frac{180°}{6}\right)=\sin60°=0.866$$

$$\sin(1-7)=\frac{1}{2}\sin\left(\frac{6}{2}\times\frac{180°}{6}\right)=\frac{1}{2}\sin90°=0.5$$

❸ 总正弦值

$$\sum\sin(x-x)=0.5+0.866+0.5=1.866$$

❹ 各同心线把所占百分数如下：

$$n(1-3)=\frac{\sin(1-3)}{\sum\sin(x-x)}\times100\%$$
$$=\frac{0.5}{1.866}\times100\%=26.8\%$$
$$n(1-5)=\frac{0.866}{1.866}\times100\%=46.4\%$$
$$n(1-7)=\frac{0.5}{1.866}\times100\%=26.8\%$$

（5）各同心线把匝数如下：

$$W_m(1-3)=n(1-3)W_{mp}=\frac{26.8}{100}\times175=47(匝)$$

$$W_m(1-5)=\frac{46.4}{100}\times175=81(匝)$$

$$W_m(1-7)=\frac{26.8}{100}\times175=47(匝)$$

主绕组导线截面积的计算与单叠绕组相同，但要取导线最多的那一槽的 N_m 来计算。

2. 副绕组的计算

（1）副绕组匝数：

$$W_n=0.65W_m=0.65\times700=455（匝）$$

每极匝数：

$$W_{np}=\frac{W_n}{2P}=\frac{455}{4}=114（匝）$$

（2）各同心线把匝数　副绕组与主绕组布线相同（见图5-38），各线把的正弦值及所占比例亦与主绕组相同，故各同心线把的匝数为：

$$W_n(1-3) = 114 \times \frac{26.8}{100} = 30(匝)$$

$$W_n(1-5) = 114 \times \frac{46.4}{100} = 53(匝)$$

$$W_n(1-7) = 114 \times \frac{26.8}{100} = 30(匝)$$

第四节
单相串励电动机

单相串励电动机使用交流电源，也可用直流电源，单相串励电动机具有启动力矩大、过载能力强、转速高（转速可高达 40000r/min）、体积小等优点。但是也有缺点，单相串励电动机换向比直流电动机换向还要困难，电刷容易产生火花，而且噪声较大，电动机功率较小。

单相串励电动机常用于电动缝纫机、地板打蜡机、电动吸尘器、手电钻、电刨子、电动扳手、电吹风机等。

一、单相串励电动机的结构工作原理

1. 单相串励电动机的结构

单相串励电动机主要组成部件有：定子、电枢、换向器、电刷、刷架、机壳、轴承等。

（1）定子　定子由定子铁芯和励磁绕组（简称为定子线包）组成。为了减小铁芯涡流损耗，定子铁芯用 0.5mm 或更薄的硅钢片叠成，用空心铆钉铆接在一起。小功率单相串励电动机定子铁芯都采用图 5-39 所示的万能电动机定子冲片叠成，为凸极式，且有集中励磁绕组。定子线包和定子如图 5-40 所示。

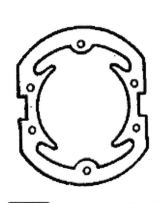

图5-39　万能电动机定子冲片

图5-40　单相串励电动机定子线包和定子

单相串励电动机定子线包与电枢绕组串联方式有两种。一种是电枢绕组串联在两只定子线包中间，如图 5-41 所示。另一种是两只定子线包串联后再串电枢绕组，如图 5-42 所示。

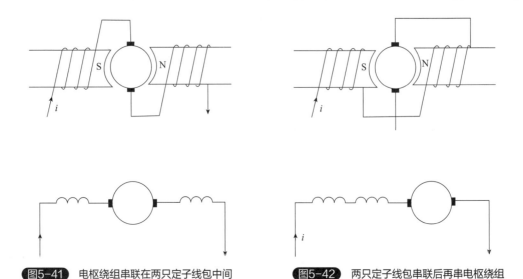

| 图5-41 | 电枢绕组串联在两只定子线包中间 | 图5-42 | 两只定子线包串联后再串电枢绕组 |

单相串励电动机定子线包与电枢绕组两种串联的工作原理完全相同。两只定子线包通过电流所形成的磁极，其极性必须相反。这两种串联方法，第一种方法使用比较普遍。

（2）电枢　电枢是单相串励电动机的转动部件，它由电动机轴、电枢铁芯、电枢绕组和换向器组成。另外，冷却风扇也固定在轴上，但不应算成电枢的一部分。

电枢铁芯用硅钢片叠成，铁芯冲有很多半闭口的槽。在铁芯槽内嵌有电枢绕组。电枢绕组有很多单元绕组，每个单元绕组的首端和尾端都有引出线。单元绕组的引出线与换向片有规律地连接，从而使电枢绕组形成闭合回路。

单相串励电动机电枢绕组常采用单叠式、对绕式、叠绕式等几种。但更多采用的是对绕式绕组和叠绕式绕组。单相串励电动机电枢绕组与直流电动机电枢绕组的绕制方式基本相同。

目前我国电动工具基本采用Ⅲ系列交直流两用串励电动机。

（3）电刷架和换向器　单相串励电动机电枢上换向器的结构与直流电动机的换向器相同，它是由许多换向铜片镶贴在一个绝缘圆筒面上而成的。各换向片间用云母片绝缘。换向铜片做成楔形，各铜片下面的两端有半月形槽，在两端的槽里压制塑料，使各铜片能紧固在一起，并能使转轴与换向器的换向片相互绝缘。还可以承受高速旋转时所产生的离心力而不变形。每一换向片的一端有一小槽或凸出一小片，以便焊接绕组引出线。

单相串励电动机采用的换向器一般有半塑料换向器和全塑料换向器两种。全塑料换向器是在各个换向铜片之间采用耐弧塑料作绝缘。

单相串励电动机电刷架一般用胶木粉压制底盘，它由刷握和盘式弹簧组成。单相串励电动机的刷握按其结构形式，可分为管式和盒式两大类。盒式结构采用更为广泛。盒式刷握结构简单、调节方便，并且加工容易，特别适用于需要移动电刷位置以改善换向的场合。盒式刷握的缺点是刚性差，变形大，不适应于转速高、振动大的场合。同时，它的盘式弹簧在工作过程中，圈间摩擦力较大，而且电刷粉末容易落入刷盒内，影响电刷的上下移动，更换电刷也不方便。

图 5-43（a）所示管式结构刷握具有可靠耐用等优点，它恰能弥补盒式结构刷握［图 5-43（b）］的不足之处。但是管式刷握的结构复杂，加工工艺要求较高，而且安装也较复杂。图 5-43（c）为电刷架实物图。

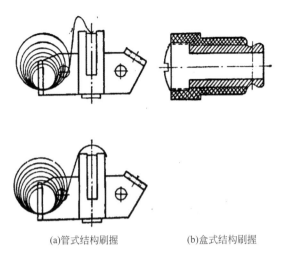

(a)管式结构刷握　　　　　　(b)盒式结构刷握　　　　　　（c）实物图

图5-43 电刷架

刷握的作用是保证电刷在换向器上有准确的位置，从而保证电刷与换向器的全面紧密接触，使其接触压降保持恒定，同时保证电刷不会时高时低地跳动而造成火花过大。

电刷是单相串励电动机的重要零件。它不但能使电枢绕组与外电路保持联系，而且能与换向器配合，共同完成电枢电流的换向任务。选用何种电刷是很重要的。选择电刷时，主要依据电刷温升和换向器的圆周速度而定。此外，还要考虑电刷的硬度和磨损性能及惯性等因素的影响。单相串励电动机的电刷一般都采用 DS 型电化石墨电刷。表 5-8 列出了 DS 型电化石墨电刷的技术性能及工作条件。

表5-8　DS型电化石墨电刷的技术性能及工作条件

电刷技术性能及工作条件		DS_{-4}	DS_{-8}	DS_{-52}	DS_{-72}
技术性能	电阻系数 / (Ω·mm²/m)	6～16	31～50	12～52	10～16
	压入法硬度 / (kg/mm²)	3～9	22～24	12～24	5～10
	一对电刷的接触电压降 /V	1.6～2.4	1.9～2.9	2～3.2	2.4～3.4
	摩擦系数不大于	0.2	0.25	0.23	0.25
	50h 磨损不大于 /mm	0.25	0.15	0.15	0.2
工作条件	额定电流密度 / (A/cm²)	12	10	12	12
	允许圆周速度 / (r/s)	40	40	50	70
	电刷压力 / (g/cm²)	150～200	200～400	200～250	150～200

2. 单相串励电动机工作原理

单相串励电动机的励磁绕组和电枢绕组是串联形式，即励磁绕组与电枢绕组串接。由于电枢绕组和励磁绕组流过的电流为同一个电流，很显然改变电流方向时，励磁绕组产生的磁场方向相应改变，电枢绕组电流方向也改变，磁场与电枢绕组电流相对来说其间的关系也未变化，电动机转向也就不变化，如图 5-44 所示。

在图 5-44 所示的单相串励电动机中，若电流 i 是正弦规律变化（也就是电网交流电源），即 $i = I_m \sin(\omega t)$ 这样，定子磁场的磁通也按正弦规律变化，如图 5-45 所示。

根据电动机电磁力矩公式 $M = C_M\Phi i$。电流为正半周时，电磁力矩 $M = C_M\Phi i > 0$；电流为负半周时，电磁力矩 $M = C_M\Phi i > 0$（如图5-46所示）。

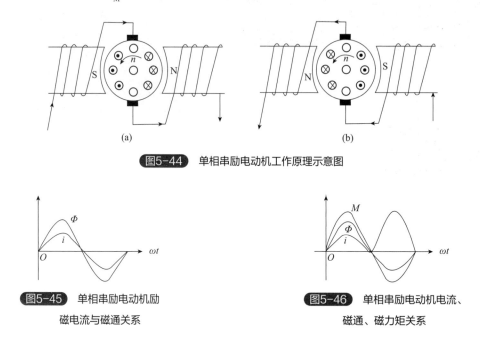

图5-44 单相串励电动机工作原理示意图

图5-45 单相串励电动机励磁电流与磁通关系

图5-46 单相串励电动机电流、磁通、磁力矩关系

由图5-46可见，电磁力矩总是正值，因此能保证电动机旋转方向与电流方向变化无关。电磁力矩以2倍电源频率变化，它的平均值为最大值的1/2。

单相串励电动机若要改变旋转方向，只能通过改变励磁绕组与电枢绕组串联的极性来实现，可用图5-47来说明。

由图5-47可以看出，当励磁绕组与电枢绕组采用图5-47（a）和（b）形式时，电动机转向为逆时针方向；当励磁绕组与电枢绕组采用图5-47（c）和（d）形式时，电动机转向为顺时针方向。

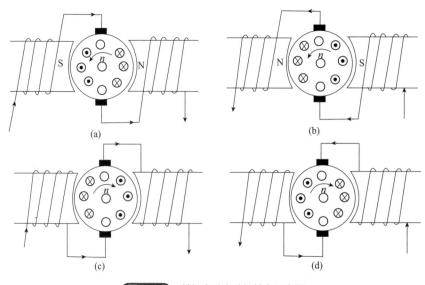

图5-47 单相串励电动机转向示意图

二、单相串励电动机电枢绕组的绕制和常见故障及其处理方法

单相串励电动机电枢绕组主要有单叠绕组、对绕式绕组、叠绕式绕组。家用电器中所用的单相串励电动机电枢绕组多采用叠绕式绕组和对绕式绕组。

单相串励电动机比直流电动机换向困难得多。为了解决这个问题，单相串励电动机电枢采取了特殊措施，即单相串励电动机的换向片片数比铁芯槽数多。一般情况下，换向片数目为槽数的 2 倍或者 3 倍。这就使得单相串励电动机电枢绕组的绕制和单元绕组与换向片的连接有它自己的特点。

1. 电枢绕组的绕制

以电枢铁芯有 8 个槽，定子两个磁极，换向片为 24 片的单相串励电动机为例说明电枢绕组的绕制工艺。

（1）叠绕式绕组的绕制工艺　因为铁芯只有 8 个槽，而换向片数是铁芯槽数的 3 倍，为了使单元绕组数与换向片数相同，单元绕组应为 24 个，每个铁芯槽内应嵌入 3 个单元绕组。在电枢绕组实际绕制过程中，每次同时绕制 3 个单元绕组，如图 5-48 所示。

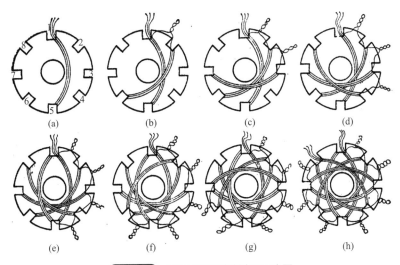

图5-48　叠绕式绕组绕制步骤示意图

由图 5-48 可以看见，先在第 1 号槽到第 5 号槽之间绕 3 个单元绕组，再在第 2 号槽到第 6 号槽之间绕制另外 3 个单元。依此类推，直到在第 8 号到第 4 号槽之间绕制最后 3 个单元为止，24 个单元绕组全绕好。若我们将 3 个单元算作一组，那么这种 24 个单元绕组的电枢绕组只有 8 组单元绕组了。这 8 组单元绕制方法与 8 个单元绕组的电枢绕组的绕制方法相同。

由图 5-48 可见单元绕组的跨距 $Y_1=4$ 槽。

（2）对绕式绕组的绕制　对绕式绕组的绕制步骤与叠绕式绕组的绕制步骤不同。对绕式绕组每次也是同时绕 3 个单元，如图 5-49 所示。

由图 5-49 可以看到，先在第 1 号槽与第 4 号槽之间绕 3 个单元；紧接着在第 4 号槽到第 7 号槽之间绕另外 3 个单元；再从第 7 号槽到第 2 号槽之间绕 3 个单元。依此类推，直至从第 6 号槽到 1 号槽之间绕制最后 3 个单元为止，24 个单元绕组全部绕制完毕。

由图 5-49 还可看出，电枢单元绕组跨距 $Y_1=3$ 槽。比较图 5-48 和图 5-49 可知，尽管叠绕式绕组和对绕式绕组的绕制步骤不同，单元绕组跨距不同，但是每次都是同时绕制 3 个单元，电枢单元绕组都是 24 个，每个单元匝数相同，作用也是相同的。

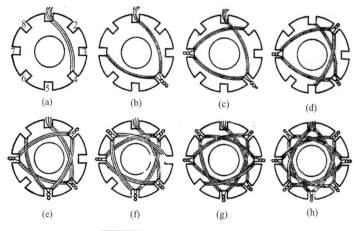

图5-49 对绕式绕组的绕制步骤

2. 电枢绕组与换向片的连接规律

单相串励电动机电枢中，虽然其换向片比铁芯槽数多（换向片数是槽数的整倍数），但是单元绕组数与换向片数相等。这样，使得每片换向片上必须接有一个单元绕组的首边引出线和另外一个单元绕组的尾边引出线，使全部单元绕组通过换向片连接成几个闭合回路。由于换向片数（Z_k）与铁芯槽数（Z）之间为整数倍关系，即 $Z_k/Z=a$（$\geqslant 1$ 的整数）。电枢绕组通过换向片连接形成的闭合回路数就为大于1的整数，即电枢绕组形成的闭合回路数等于 $Z_k/Z=a$。

下面我们还是以前面单相串励电动机为例，来说明24个电枢单元绕组与换向片具体连接规律。

现在先说明一个槽内3个单元绕组的首边、尾边与换向片的连接规律，然后说明相邻两个槽6个单元绕组与换向片的连接规律，最后得出24个单元与换向片的连接规律。

图5-50为画出叠绕式绕组1号槽内3个单元绕组与换向片的连接示意图。

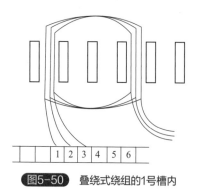

图5-50 叠绕式绕组的1号槽内
3个单元绕组与换向片连接示意图

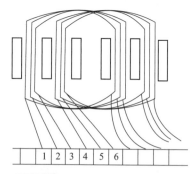

图5-51 叠绕式绕组相邻两槽内6个
单元绕组与换向片连接示意图

图5-50中第1号槽的3个单元的首边引出线分别接在第1号、第2号、第3号换向片上，而且对应的尾边引出线分别接在第4号、第5号、第6号换向片上（图中未示出）。也就是第1号换向片和第4号换向片之间为一个单元绕组；第2号换向片和第5号换向片之间为一个单元；第3号换向片和第6号换向片之间为一个单元。

由此可见叠绕式和对绕式绕组与换向片连接规律是相同的。

图5-51画出了叠绕式绕组第1号槽和第2号槽内6个单元绕组与换向片连接示意图（尾

边引出线，图中未示出）。图5-51中第1号槽内3个单元首边引出线分别连接在第1号、第2号、第3号换向片上；第2号槽的3个单元首边引出线分别连接在第4号、第5号、第6号换向片上；而第1号槽3个单元尾边引出线对应地连接在第4号、第5号、第6号换向片上；第2号槽内3个单元的尾边引出线对应连接在第7号、第8号、第9号换向片上。依此类推，可知第8号槽内3单元的3条首端引出线应该分别连接在第22号、第23号、第24号换向片上，而其对应的3条尾边引出线应分别接在第1号、第2号、第3号换向片上。实际上8槽、2极、24片换向片的单相串励电动机电枢绕组，通过换向片的作用，形成了三个闭合回路，这就决定了电刷宽度至少为3片换向片的宽度。

通过对8槽、2极、24个换向片单相串励电动机电枢单元绕组与换向片连接方法的分析，可以得出单相串励电动机电枢单元绕组与换向片连接的普遍规律：当换向片数 Z_k 与铁芯槽数 Z 的比值为 a（大于等于1的整数）时，同一个槽内元件的首边引出线与其尾边引出线对应接在换向片上的距离也为 a；相邻槽内元件首边与首边的引出线接在换向片上的距离为 a；其尾边引出线接在换向片上的距离也为 a；电枢绕组通过换向片连接形成的闭合回数也为 a。电刷宽度也必须大于等于 a 片换向片的宽度。

3. 单相串励电动机常见故障及其处理方法

单相串励电动机常见故障可分为两方面，一是机械方面的故障，二是电气方面的故障。为了简明扼要地表明单相串励电动机常见故障产生的原因以及修理方法，现将其列于表5-9中。

表5-9　单相串励电动机常见故障及其处理方法

故障现象	故障原因	处理方法
测得电路不通，通电后不转	（1）电源断线 （2）电刷与换向器接触不良 （3）电动机内电路（定子或转子）断线	（1）用万用表或校验灯检查，判定断线后，调换电源线或修理回路中造成断电的开关、熔断器等设备 （2）调整电刷电压弹簧，研磨电刷，更换电刷 （3）拆开电动机，判定断路点，转子电枢断路一般需重绕；定子若断在引线，可重焊，否则需重绕
测得电路通，但电机空载、负载均不能转	（1）定子或转子绕组短路 （2）换向片之间短路 （3）电刷不在中性线位置（指电刷位置可调的串励机，下同）	（1）拆开电机，检查短路点，更换短路绕组 （2）若短路发生在换向片间的槽上部，可刻低云母片，消除短路，否则需更换片间云母片 （3）校正电刷位置
电刷下火花大	（1）电刷不在中性线位置 （2）电刷磨损过多，弹簧压力不足 （3）电刷或换向器表面不清洁 （4）电刷牌号不对，杂质过多 （5）电刷与换向器接触面过小 （6）换向器表面不平 （7）换向片之间的云母绝缘凸出 （8）定子绕组有短路 （9）定子绕组或电枢绕组通地 （10）换向片通地 （11）刷握通地 （12）换向片间短路 （13）电枢与换向片间焊接有误，有的单元焊反 （14）电枢绕组断路 （15）电枢绕组短路	（1）校正电刷位置 （2）更换电刷，调整弹簧压力 （3）清除表面炭末、油垢等污物 （4）更换电刷 （5）研磨电刷 （6）研磨和车削换向器 （7）刻低云母片，使之低于换向器表面 $1\sim 2mm$ （8）消除短路点或重绕线包 （9）消除通地点或更换电枢绕组 （10）加强绝缘，消除通地点 （11）修理或更换刷握 （12）修刮掉短路处的云母片，重新绝缘 （13）查出误焊之处，重新焊接 （14）消除断路点或更换绕组 （15）消除短路点或更换绕组

续表

故障现象	故障原因	处理方法
换向器出现环火（火花在换向器表面上连续出现）	（1）电枢绕组断路或短路 （2）换向片间短路 （3）负载太重 （4）电刷与换向片接触不良 （5）换向器表面凹凸不平 （6）电源电压太高	（1）检查电枢，查出并消除故障点，或更换电枢绕组 （2）清洗片间槽中炭末及污垢，剔除槽中杂物，恢复片间绝缘 （3）减载 （4）研磨电刷，或更换电刷 （5）研磨或车削换向器表面，使之符合要求 （6）调整电源电压
空载能转，但负载时不能启动	（1）电源电压低 （2）定子线圈受潮 （3）定子线圈轻微短路 （4）电枢绕组有短路 （5）电刷不在中性线位置	（1）改善电源电压条件 （2）用500V兆欧表测定子线圈对壳绝缘，若电阻很小但不为零即受潮严重，进行烘烤后，绝缘电阻应有明显增加 （3）消除短路点或更换线包 （4）检查并消除短路点，或更换电枢绕组 （5）校正电刷位置
电动机转速太低	（1）负载过重 （2）电源电压太低 （3）电动机机械部分阻力太大 （4）电枢绕组短路 （5）换向片间短路 （6）电刷不在中性线位置	（1）减载 （2）调节电源电压 （3）清洗或更换轴承，消除机械故障 （4）消除短路点或重绕电枢绕组 （5）消除短路，重新绝缘 （6）校正电刷位置
电枢绕组发热	（1）电枢绕组内有接反的单元存在 （2）电枢绕组内有短路单元 （3）电枢绕组有个别断路单元	（1）查出反接单元，重新正确焊接 （2）查出短路单元，使之从回路中消失或更换电枢绕组 （3）查出断路单元，用跨接线短接，或更换电枢绕组
电枢绕组和铁芯均发热	（1）超载 （2）定子、转子铁芯相擦 （3）电枢绕组受潮	（1）减载 （2）校正轴，更换轴承 （3）烘烤电枢绕组
定子线包发热	（1）负载过重 （2）定子线包受潮 （3）定子线包有局部短路	（1）减载 （2）检查并烘烤，恢复绝缘 （3）重绕定子线圈
电动机转速太高	（1）负载过轻 （2）电源电压高 （3）定子线圈有短路 （4）电刷不在中性线位置	（1）加载 （2）调节电源电压 （3）消除短路或更换线包 （4）校正电刷位置
电刷发出较大"嘶嘶"声	（1）电刷太硬 （2）弹簧压力过大	（1）更换合适的电刷 （2）调整弹簧压力
负载增加使熔断器熔断	（1）电源电压过高 （2）电枢绕组短路 （3）电枢绕组断路 （4）定子绕组短路 （5）换向器短路	（1）调整电源电压 （2）查出短路点，修复、更换绕组 （3）查出断路元件，修复或更换 （4）更换绕组 （5）修复换向器
机壳带电	（1）电源线接壳 （2）定子绕组接壳 （3）电枢绕组通地 （4）刷握通地 （5）换向器通地	（1）修理或更换电源线 （2）检查通地点，恢复绝缘，或更换定子线包 （3）检查电枢，查清通地点，恢复绝缘或更换电枢绕组 （4）加强绝缘或更换刷握 （5）查出通地点，予以消除

续表

故障现象	故障原因	处理方法
空载时熔断器熔断	（1）定子绕组严重短路 （2）电枢绕组严重短路 （3）刷握短路 （4）换向器短路 （5）电枢被卡死	（1）更换定子绕组 （2）更换电枢绕组 （3）更换刷握 （4）修复换向器绝缘 （5）查出卡死原因，修复轴承或消除其他机械故障
电刷发出"嘎嘎"声	（1）换向片间云母片凸起，使电刷跳动 （2）换向器表面高低不平，外圆跳动量过大 （3）电刷尺寸不符合要求	（1）下刻云母片，在换向片间形成合格的槽 （2）车削换向器，并做相应修理使之表面恢复正常状况 （3）更换电刷

通过对表 5-9 的综合分析可知，单相串励电动机电气方面常出现的故障有接线上的问题，电源电压过高或低，定子线包短路、断路或通地，电枢绕组短路、断路、通地，换向器出现问题等。单相串励电动机常出的机械方面的毛病有整机装配质量和轴承质量问题。下面分别介绍电动机电气故障和机械故障的检查方法。

4.定子线包短路、断路、通地的检查方法

（1）定子线包短路　定子线包轻微短路时，其现象一般是电动机转速过高，定子线包发热。我们可以用电桥测电阻方法进行检测。具体检测时，将电动机完好的定子线包串入电桥的一个桥臂，另一个定子线包串入电桥另一桥臂中，比较两线包电阻，哪个线包阻值小，则说明其中有短路。

当线包短路严重时，线包发热严重，具有烧焦痕迹，这样的线包可以直观检查。正常线包呈透明光亮的漆层。而短路严重的线包，漆层无光泽，严重时呈褐色或黑色。若用万用表测电阻时，很明显电阻远比正常线包电阻值小。这样的线包只能更换。

（2）定子线包断路　定子线包断路，电动机不能工作。定子线包断路可以通过万用表测电阻法来检查。定子线包断路，多发生在定子线包往定子铁芯安装过程中，而且多在线包的最里层线圈。这种情况下只能重新绕线包。有时线包断点发生在线包漆包线与引出线焊接处，所以修理时一定要注意焊接质量。

由于定子线包安装时容易造成断线，一定要在线包安装完后立即用万用表检查是否有断路；在确定没有断路后，再给定子线包浸漆（即定子安装后浸漆）。

（3）定子线包通地　定子线包通地是指定子励磁绕组与定子铁芯相通。一旦定子线包通地，机壳就带电。我们发现机壳带电后，要拆开电动机，取出电枢，用 500V 兆欧表检查线包对机壳绝缘电阻值。若发现绝缘电阻值较小，但不为零，说明定子线包受潮严重，可以烘烤线包。烘烤完线包再用 500V 兆欧表检查绝缘电阻，若绝缘阻值没有增大，只好更换或重绕线包。若用 500V 兆欧表检查发现绝缘电阻值为零，则判定线包直接通地，一般只能更换或重绕线包。

（4）更换线包步骤　需要更换定子线包时，应将原线包取下，清除定子铁芯上的杂物。在拆原线包时，要记录几个重要数据：线包最大线圈的长宽尺寸、最小线圈的长宽尺寸、线包的厚度，以及线包的线径和匝数。这些数据都是绕制新线包必不可少的。

在重新绕制线包时，要先做一个木模具。然后在木模具上按原线包参数绕制线包。线包绕制成后，用玻璃丝漆布或黄蜡绸布半叠包缠好，并压成与磁极一样的弯度。定子线包绕制完毕，必须将线包先套入定子磁极铁芯，然后再浸漆烘干。若先浸漆，线包烘干后很坚硬，就不能压套在磁极铁芯上了。

定子线包套在磁极铁芯上之后，应检查线包是否有断路，在确定没断路后，方能浸漆烘干。在浸漆烘干后，还要用500V兆欧表检测线包与定子铁芯（机壳）间绝缘电阻值（绝缘电阻应大于5MΩ）；用高压试验台做线包与机壳间绝缘强度测试。测试加的电压应不低于1500V（正弦交流电压）。耐压测试时间应不小于1min。在测试过程中不应有击穿和闪烁现象发生。

更换完线包后，将定子绕组与电枢绕组串联起来，其方法如图5-52所示。

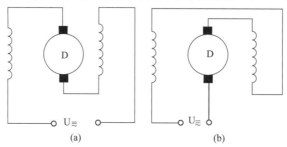

图5-52 定子绕组与电枢绕组串联方法示意图

5. 电枢绕组故障检查

单相串励电动机电枢与直流电动机电枢结构相同，电枢绕组故障检查方法相同，可以参阅前面第三章有关内容。这里只说明一下电枢单元绕组与换向片连接的具体方法。

（1）电枢单元绕组与换向片的焊接工艺　重新绕制的电枢单元绕组与换向片连接前，必须将换向片清理干净，然后再将单元绕组的首边引出线和尾边引出线对位嵌入换向片槽口内，用竹片按住引线头，再逐片焊接。焊接时，应使用松香酒精焊剂，切不可用酸性焊剂。焊接完，再切除长出换向片槽外的线头，清除焊接剂和多余焊锡等污物。

换向片与单元绕组焊接完后，要检查单元绕组与换向片是否连接正确，焊接质量如何，是否有虚焊或漏焊现象。如果有问题应及时处理。

（2）单元绕组与换向片连接的对应关系　家用电器产品所用的单相串励电动机，换向片数多为电枢铁芯槽的2倍或者3倍，但电枢单元绕组数与换向片数是相等的。这就要求每片换向片上必须有一个单元的首边引出线，又要有另外一个单元的尾边引出线。现在以J1Z-6手电钻单相串励电动机的电枢为例说明电枢单元绕组与换向片连接的对位关系，如图5-53所示。

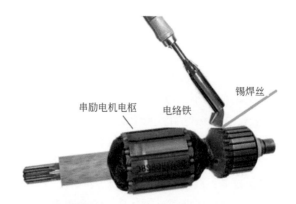

锡焊丝
串励电机电枢　电络铁

图5-53 电枢绕组与换向片焊接示意图

例中电动机电枢为9槽，换向片为27片，有两个磁极。电枢铁芯每个槽内有6条引出线，3个单元的首边引出线和另外3个单元的尾边引出线。总计电枢绕组有27个单元，54条引出线。在具体焊接过程中，是先将电枢27个单元首边引出线按顺序与每片换向片连上；27个单元的尾边引出线暂时不连。

在 27 片换向片与 27 个单元首边引出线连完以后，再用万用表查出每片换向片所连单元的尾边引出线，然后将 27 个单元尾边引出线对位有规律地焊接在换向片上。例如第 1 号槽的 3 个单元绕组的首边接在第 1 号、第 2 号、第 3 号换向片上，第 1 号换向片所连的单元尾边查找到后，应连在第 4 号换向片上；第 2 号换向片所连单元尾边引出线查找到后，应连在第 5 号换向片上；依此类推，第 27 号换向片所连单元的尾边引出线应连在第 3 号换向片。实际每个单元首边引出线与尾边引出线在换向片上的距离为 3 片换向片的距离。

6. 换向部位出现故障的检查方法

单相串励电动机换向部位出现的故障与直流电动机常出现的换向部位故障是相同的。换向部位出现的故障有相邻换向片之间短路、换向器通地、电刷与换向器接触不良、刷握通地等。因此，两种电动机换向部位出现故障的检查方法和修理方法也是相同的。只是单相串励电动机刷握通地和电刷与换向器接触不良所造成的后果比直流电动机更严重，所以单独对这两种故障进一步介绍。

（1）电刷与换向器接触不良的检查和修理　单相串励电动机的电刷与换向器接触不良，会使换向器与电刷之间产生较大火花，甚至环火，会造成换向器表面烧伤，严重影响电动机的正常运行。

造成换向器与电刷间接触不良的主要原因有电刷磨损严重、电刷压力弹簧变形、换向器表面有污物或磨损严重等。

电刷与换向器接触不良时，必须打开刷握，将电刷和弹簧取出。仔细观察电刷、弹簧、换向器表面，就容易发现是哪个部件出的问题。电刷磨损严重时，其端面偏斜严重，端面颜色深浅不一。这时只有更换电刷才行。在更换电刷时一定要注意电刷规格、电刷的软硬度和调节好电刷压力。这是因为，若电刷选择过硬会使换向器很快磨损，且使电动机运行时电刷发出"嘎嘎"声响，换向器与电刷间发生较大火花；若电刷选择太软，则电刷磨损太快，电刷容易粉碎。石墨粉末太多也容易造成换向片间短路，使换向器产生环火。

电刷压力弹簧损坏或弹簧疲劳是容易发现的。弹簧的弹力不足，就说明弹簧疲劳。若弹簧扭曲变形，说明弹簧已经损坏。弹簧一旦出现这样的情况，应及时更换。

换向器表面有污物时，只要用细砂布轻轻研磨即可。若换向片有烧伤斑点或换向器边缘处有熔点，可用锋利刮刀剔除。若发现换向片间云母片烧坏，应清除烧坏的云母片，重新绝缘烘干。另一种可能是换向片脱焊，如图 5-54 所示。

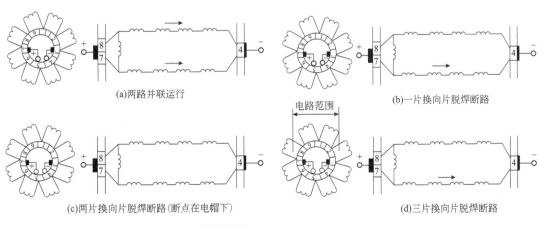

(a)两路并联运行　　　　　　　　　　　　　　(b)一片换向片脱焊断路

(c)两片换向片脱焊断路(断点在电帽下)　　　　(d)三片换向片脱焊断路

图5-54　换向片脱焊示意图

（2）刷握通地　刷握通地是单相串励电动机常见的故障。刷握通地主要是因刷握绝缘受潮或损坏造成的。有时在调整刷握位置时，不慎也可能造成刷握通地。

电刷的刷握通地后，电动机运行时的表现，随着电枢绕组与定子线包连接方式的不同而不同。

❶ 电枢绕组串接于定子线包中间的方式：刷握发生通地故障后，随着电源火线与零线位置的不同而可能出现两种不同的现象。

a. 如图 5-55（a）所示的情况：当接通电源时，电流由火线经定子线包 2，再经接地刷握形成回路。此时，熔断器将立即熔断。若熔断器熔断得慢，或不熔断，会使定子线包 2 烧毁。

b. 如图 5-55（b）所示的情况：当接通电源时，电流由电源火线经过定子线包 1 和电枢绕组，再由接地刷握形成回路。此时，电动机能够启动运转，但因为只有一个定子线包起作用，主磁场减弱一半，所以使电动机转速比正常转速快得多，电枢电流也大得多。同时还会因磁场的不对称，使电动机运转时出现剧烈振动，并使电刷与换向器之间出现较大火花。时间稍长，电动机发热，引起绕组烧毁。

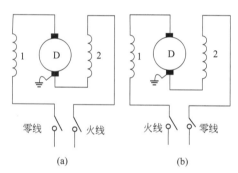

图5-55　刷握通地的不同情况（一）

❷ 电枢绕组串接于定子线包之外的连接方式：电刷的刷握接地后，则可能发生下列四种现象。

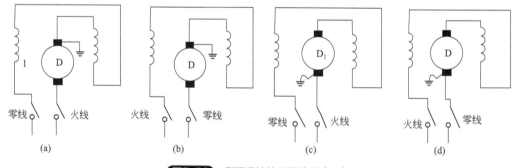

图5-56　刷握通地的不同情况（二）

a. 图 5-56（a）所示的情况：当电源接通后，电流由火线经过电枢绕组和通地刷握形成回路。此时熔断器应很快熔断。若熔断器熔断速度慢或不熔断，电枢绕组会因电流太大而烧毁。

b. 图 5-56（b）所示的情况：当电源接通后，电流由火线经两个定子线包和通地刷握形成回路，定子绕组会立即烧毁。

c. 图 5-56（c）所示的情况：当电源接通后，电流由火线经通地刷握形成回路，熔断器会立即熔断。

d. 图 5-56（d）所示的情况：当电源接通后，电流由火线经定子线包和电枢绕组，再经通地刷握形成回路，电动机能够启动运行，转速正常，但电动机的机壳带电，对人身安全有威胁。这也是绝对不允许的。

刷握通地的故障容易判定，只需用500V兆欧表检测刷握对机壳的绝缘电阻，或者用万用表检测刷握与机壳之间电阻。一旦发现刷握通地，必须立即修理，不允许拖延。刷握通地很容易修理，只需要加强刷握与机壳间绝缘，或更换刷握。

7. 单相串励电动机噪声产生原因及降低噪声的方法

单相串励电动机运行时产生的噪声一般比直流电动机大得多。

单相串励电动机噪声来源可分为三个部分：机械噪声、通风噪声、电磁噪声。

（1）机械噪声　单相串励电动机转速很高，一旦电动机转子（电枢）动平衡或静平衡不好，会使电动机产生很强烈振动。另外，轴承稍有损坏、轴承间隙过大、轴承缺油也会使电动机产生振动，发出噪声。还有就是因换向器与电刷接触不良产生的噪声。

（2）通风噪声　通风噪声是因电动机运行时，其附属风扇产生高速气流用以冷却电动机。此高速气流通过电机时会产生噪声。

（3）电磁噪声　单相串励电动机通以正弦交流电，它的定子磁场和气隙磁场都是周期性变化的。磁极受到交变磁力的作用，电枢也会受到交变磁场作用，使电动机部件发生周期性交变的变形。这些都会使电动机产生噪声。

单相串励电动机运行的噪声是不可避免的，只能是设法降低噪声。下面介绍降低电动机噪声的方法。

（4）降低机械噪声的方法

❶ 对电动机转子（电枢）进行精密的平衡试验，尽最大努力提高转子平衡精度。

❷ 选用高精度等级的轴承，注意及时给轴承加润滑油。一旦发现轴承有损坏及时更换。

❸ 精磨换向器，尽量保持圆度，且使表面圆滑。同时还要精密研磨电刷端面，使之与换向器表面吻合，以减小电刷振动，从而降低噪声。

（5）降低通风噪声的方法

❶ 使冷却风扇的叶片数为奇数，例如7片、9片、11片、13片等。

❷ 提高扇叶的刚度，并尽可能使各扇叶平衡。

❸ 风扇的扇叶稍有变形应立即修正，并且可以增大风扇外径与端盖间的径向间隙，也就是减小风扇直径。

❹ 将扇叶的尖锐边缘磨成圆形，并使通风道成流线型，以减少空气流动的阻力。

第五节
罩极式电动机修理

一、罩极式电动机的构造原理

罩极式电动机的构造见图5-57，主要由定子、定子绕组、罩极、转子、支架等构成，通入220V交流电，定子铁芯产生交变磁场，罩极也产生一个感应电流，以阻止该部分磁场的变化，罩极的磁极磁场在时间上总滞后于嵌放罩极环处的磁极磁场，结果使转子产生感应电流而获得启动转矩，从而驱动涡轮式风叶转动。

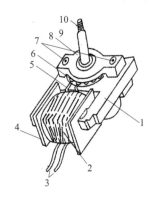
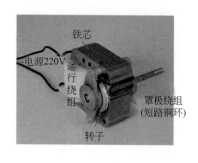

图5-57 罩极式电动机构造

1—定子；2—定子绕组；3—引线；4—骨架；5—罩极（短路环）；6—转子；7—紧固螺钉；8—支架；9—转轴；10—螺杆

二、罩极式电动机检修

（1）开路故障 用万用表 $R \times 10$ 或 $R \times 100$ 挡测量两引线的电阻，视其电阻大小判断是否损坏。正常电阻值在几十到几百欧之间，若测出电阻为无穷大，说明电机的绕组烧毁，造成开路。先检查电机引线是否脱落或脱焊，若是，则重新接好焊好引线，故障便排除了。若正常故障，部位多半是绕组表层齐根处或引出线焊接处受潮霉断而造成开路，只要将线包外层绝缘物卷起来，细心找出断头，重新焊牢，故障即排除。若断折点发生在深层，则按下例修理。

（2）电机冒烟，有焦味 故障现象为电机绕组匝间或局部短路所致，使电流急剧增大，绕组发高热最终冒烟烧毁。遇到这种故障应立即关掉电源，避免故障扩大。

用万用表 $R \times 10$ 或 $R \times 100$ 挡测量两引棒（线）电阻，若比正常电阻低得多，则可判定电机绕组局部短路或烧毁。维修步骤如下：

❶ 先将电机的固定螺钉拧出，拆下电机。

❷ 拆下电机支架螺钉，使支架脱离定子，取出转子。（注意，转子轴直径细而长，卸后要保管好，切忌弄弯！）

❸ 找两块质地较硬的木板垫在定子铁芯两旁，再用台虎钳夹紧木板，用尖形铜棒轮换顶住弧形铁芯两端，用铁锤敲打铜棒尾端，直至将弧形铁芯绕组组件冲出来。

❹ 用两块硬木板垫在线包骨架一端的铁芯两旁，用上述的方法将弧形铁芯冲出来。

❺ 将骨架内的废线、浸渍物清理干净，利用原有的骨架进行绕线。如果拆出的骨架已严重损坏无法复用时，可自行制作一个骨架，将骨架套在绕线机轴中，两端用锥顶、锁母夹紧，按原先匝数绕线。线包绕好后，再在外层包扎 2～3 层牛皮纸作为线包外层绝缘。

❻ 把弧形铁芯嵌入绕组骨架内，经驱潮浸漆烘干再放回定子铁芯弧槽内。

❼ 用万用表复测绕组的电阻，若正常，绕组与铁芯无短路，空载通电试转一段时间，手摸铁芯温升正常，说明电机修好了，将电机嵌回电热头原位，用螺钉拧紧即可恢复正常使用。

有时电机经过拆装，特别是拆装多次，定子弧形槽与弧形铁芯配合间隙会增大，电机运转时会发出"嗡嗡"声，此时可在其间隙处滴入几滴熔融沥青，凝固后，噪声便消除。

（3）电机启动困难

故障原因：电机启动困难多半是罩极环焊接不牢形成开路，导致电机启动力矩不足。

维修时用万用表 AC 250V 挡测量电机两端引线电压，220V 为正常，再用电阻挡测量单相绕组电阻，如也正常，再用手拨动一下风叶，若转动自如，故障原因多半是四个罩极环中有一个接口开路。将电机拆下来，细心检查罩极环端口即可发现开路处。

第六章
有刷直流电动机

将机械能转换为直流电能的电机称为直流发电机,将直流电能转换为机械能的电机称为直流电动机。直流电机具有可逆性。将直流发电机接上直流电源就可以成为电动机。反之,将直流电动机用原动机带动旋转,亦可以作为发电机使用。因此,直流电动机和直流发电机的结构相同。

第一节
直流电动机的用途、分类与结构

直流电动机的用途、分类与结构可扫二维码观看视频学习。

直流电动机的用途、分类与结构

第二节
直流电动机绕组与常见故障检修

一、定子绕组

直流电机绕组主要有定子励磁绕组与电枢绕组,定子绕组很简单,直接绕到磁极上即可,两个磁极的线圈串联起来即组成励磁绕组,见图6-1(a)。换向极绕组也是直接绕在换向磁极上的,两个换向极线圈串联起来再通过电刷与电枢绕组串联即可,见图6-1(b)。

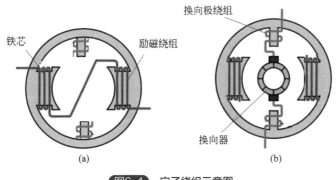

图6-1 定子绕组示意图

二、电枢绕组

1. 基本绕组展开图

直流电机的电枢绕组由多个线圈组成，每个线圈称为元件。直流电机绕组经常用单叠绕组与单波绕组，本例采用单叠绕组，电机转子有 16 个槽，整个绕组由 16 个元件组成，其展开图见图 6-2。

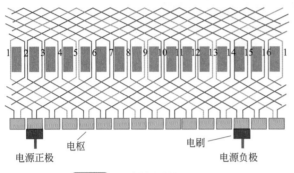

图中部是电枢的 16 个槽，每个槽中嵌有 2 个线圈的有效边；图中上部分是两个主磁极，磁极宽度与 6 个电枢槽对应；图中下部分是换向器与电刷。设定电刷正负极，在图中各个线圈在同一磁极下对应的每一个线圈有效边电流方向是相同的，保证受电磁力的方向是相同的。

目前小型直流电动机都采用永磁体励磁，而且采用电子电路进行换向。

图6-2 16槽电枢绕组展开图

2. 多种绕组展开图

直流电机的电枢绕组展开图如图 6-3 ～图 6-6 所示。

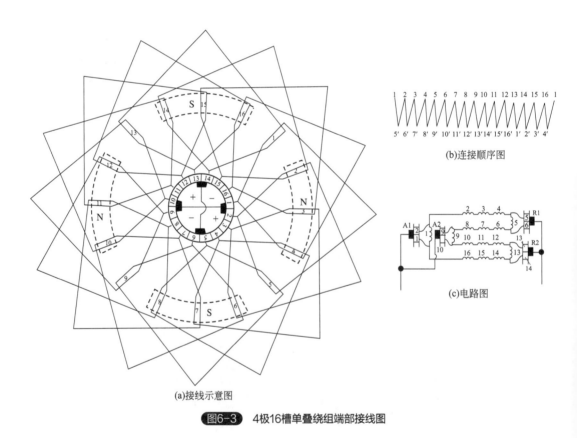

(a)接线示意图

图6-3 4极16槽单叠绕组端部接线图

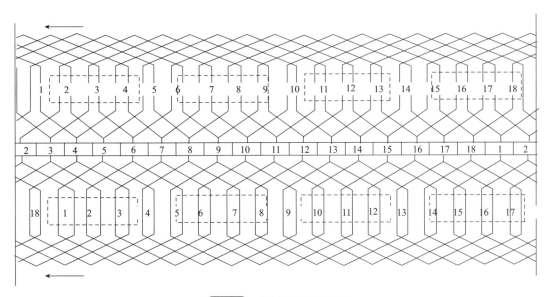

图6-4　4极18槽绕组展开图

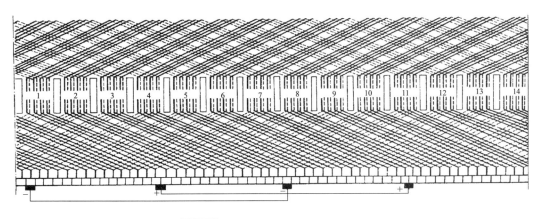

图6-5　2极14槽电枢单叠绕组展开图

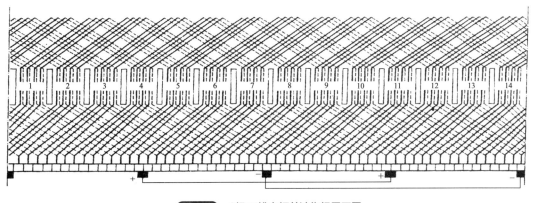

图6-6　2极14槽电枢单波绕组展开图

三、直流电动机接线图

直流电动机根据转子及定子的连接方式的不同分为串励式、并励式、复励式和他励式，如图 6-7 ～图 6-10 所示。

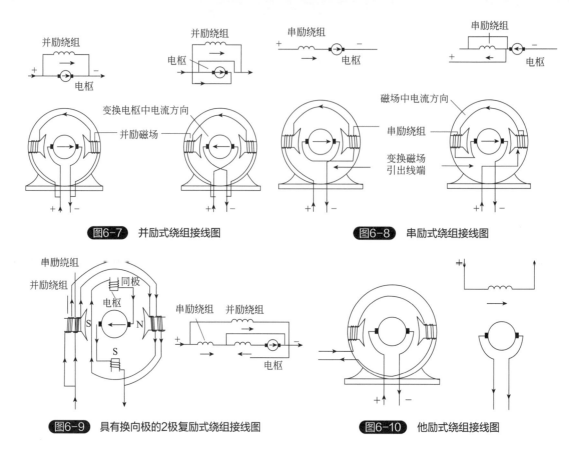

图6-7 并励式绕组接线图

图6-8 串励式绕组接线图

图6-9 具有换向极的2极复励式绕组接线图

图6-10 他励式绕组接线图

四、直流电动机常见故障及检查

1. 电刷下火花过大

直流电机故障多数是从换向火花的增大反映出来。换向火花有 1、$1\frac{1}{4}$、$1\frac{1}{2}$、2、3 五级。微弱的火花对电机运行并无危害。如果火花范围扩大或程度加剧，就会灼伤换向器及电刷，甚至使电机不能运行，火花等级及电机运行情况见表 6-1。

表6-1 电刷下火花等级及电机运行情况

火花等级	程度	换向器及电刷的状态	允许运行方式
1	无火花	换向器上没有黑痕，电刷上没有灼痕	允许长期连续运行
$1\frac{1}{4}$	电刷边缘仅小部分有几点弱的点状火花或有非放电性的红色小火花		
$1\frac{1}{2}$	电刷边缘大部分或全部有轻弱的火花	换向器上有黑痕出现，但不发展，用汽油即能擦除，同时在电刷上有轻微的灼痕	
2	电刷边缘大部分或全部有较强烈的火花	换向器上有黑痕出现，用汽油不能擦除，同时电刷上有灼痕（如短时出现这一级火花，换向器上不会出现灼痕，电刷不致被烧焦或损坏）	仅在短时过载或短时冲击负载时允许出现
3	电刷的整个边缘有强烈的火花，有时有大火花飞出（即环火）	换向器上黑痕相当严重，用汽油不能擦除，同时电刷上有灼痕（如在这一级火花等级下短时运行，则换向器上将出现灼痕，同时电刷将被烧焦）	仅在直接启动或逆转瞬间允许存在，但不得损坏换向器

2. 产生火花的原因及检查方法

（1）电机过载造成火花过大　可测电机电流是否超过额定值。如电流过大，说明电机过载。

（2）电刷与换向器接触不良　换向器表面太脏；弹簧压力不合适，可用弹簧秤或凭经验调节弹簧压力；在更换电刷时，错换了其他型号的电刷；电刷或刷握间隙配合太紧或太松，配合太紧可用砂布研磨，如配合太松需更换电刷；接触面太小或电刷方向放反了，接触面太小主要是在更换电刷时研磨方法不当造成的，正确的方法是，用 N320 号细砂布压在电刷与换向器之间（带砂的一面对着电刷，紧贴在换向器表面上，不能将砂布拉直），砂布顺着电机工作方向移动，如图 6-11 所示。

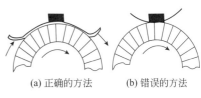

(a) 正确的方法　　(b) 错误的方法

图6-11　磨电刷的方法

（3）刷握松动，电刷排列不成直线　电刷位置偏差越大，火花越大。

（4）电枢振动造成火花过大　电枢与各磁极间的间隙不均匀，造成电枢绕组各支路内电压不同，其内部产生的电流使电刷产生火花；轴承磨损造成电枢与磁极上部间隙过大，下部间隙小；联轴器轴线不正确；用带传动的电机，传送带过紧。

（5）换向片间短路　电刷粉末、换向器铜粉充满换向器的沟槽中；换向片间云母腐蚀；修换向器时形成的毛刷没有及时消除。

（6）电刷位置不在中性线上　修理过程中电刷位置移动不当或刷架固定螺栓松动，造成电刷下火花过大。

（7）换向极绕组接反　判断的方法是，取出电枢，定子通以低压直电流。用小磁针试验换向极极性。顺着电机旋转方向，发电机为 n-N-S-s，电动机为 n-S-s-N（其中大写字母为主磁极极性，小写字母为换向极极性）。

（8）换向极磁场太强或太弱　换向极磁场太强会出现以下现象：绿色针状火花，火花的位置在电刷与换向器的滑入端，换向器表面对称灼伤。对于发电机，可将电刷逆着旋转方向移动一个适当角度；对于电动机，可将电刷顺着旋转方向移动一个适当的角度。

换向极磁场太弱会出现以下现象：火花位置在电刷和换向器的滑出端。对于发电机需将电刷顺着旋转方向移动一个适当角度；对于电动机，则需将电刷逆着旋转方向移动一个适当角度。

（9）换向器偏心　除制造原因外，主要是修理方法不当造成的。换向器片间云母凸出，对换向器槽挖削时，边缘云母片未能清除干净，待换向片磨损后，云母片便凸出，造成跳火。

（10）电枢绕组与换向器脱焊　用万用表（或电桥）逐一测量相邻两片的电阻，如测到某两片间的电阻大于其他任意两片的电阻，说明这两片间的绕组已经脱焊或断线。

3. 换向器的检修

换向器的片间短路与接地故障，一般是由片间绝缘或对地绝缘损坏，且其间有金属屑或电刷炭粉等导电物质填充造成的。

（1）故障检查方法　用检查电枢绕组短路与接地故障的方法，可查出故障位置。为分清故障部位是在绕组内还是在换向器上，要把换向片与绕组相连接的线头焊开，然后用校验灯检查换向片是否有片间短路或接地故障。检查中，要注意观察冒烟、发热、焦味、跳火及火花的伤痕等故障现象，以分析、寻找故障部位。

（2）修理方法　找出故障的具体部位后，用金属器具刮除造成故障的导电物体，然后用云母粉加胶黏剂或松脂等填充绝缘的损伤部位，恢复其绝缘。若短路或接地的故障点存在于换向器的内部，必须拆开换向器，对损坏的绝缘进行更换处理。

（3）直流电动机换向器制造工艺及装配方法如下：

❶ 制作换向片　制作换向片的材料是专用冷拉梯形铜排，落料后必须经校平工序，最后按图纸要求用铣床加工嵌线柄或开高片槽。

❷ 升高片制作与换向片的连接　升高片一般用 0.6 ～ 1mm 的紫铜枚或 1 ～ 1.6mm 厚紫铜带制作。

升高片与换向片的连接一般采用铆钉铆接或焊接，焊接一般采用铆焊、银铜焊、磷铜焊。

❸ 片间云母板的制作　按略大于换向片的尺寸，冲剪而成。

❹ V 形绝缘环和绝缘套管的制作　首先按样板将坯料剪成带切口的扇形，一面涂上胶黏剂并晾干，然后把规定层数的扇形云母粘贴成一整叠，并加热至软化，围位初步成型模，外包一层聚酯薄膜，用带子捆起来，用手将坯料压在模子的 V 形部分，再加压铁压紧，待冷至室温后取下压铁便完成了初步成型，最后在 160 ～ 210℃温度下进行烘压处理在冷却至室温后，便得到成型的 V 形绝缘环。

❺ 装配换向片的烘压　先将换向片和云母板逐片相间排列置于叠压模的底盘上，拼成圆筒形，按编号次序放置锥形压块，用带子将锥形压块扎紧，并在锥形压块与换向片之间插入绝缘纸板，再套上叠压圈后，便可拆除带子。

❻ 加工换向片组 V 形槽

❼ 换向器的总装　换向器的总装是将换向片组、V 形绝缘环、压圈、套管等零件组装在一起，用螺杆或螺母紧固，再经数次冷压和热压，使换向器成为一个坚固稳定的圆柱整体。

4. 电刷的调整方法

（1）直接调整法　首先松开固定刷架的螺栓，戴上绝缘手套，用两手推紧刷架座，然后开车，用手慢慢逆电机旋转的方向转动刷架。如火花增加或不变，可改变方向旋转，直到火花最小为止。

（2）感应法（图 6-12）　当电枢静止时，将毫伏表接到相邻的两组电刷上（电刷与换向器的接触要良好），励磁绕组通过开关 K 接到 1.5 ～ 3V 的直流电源上，交替接通和断开励磁绕组的电路。毫伏表指针会左右摆动。这时，将电机刷架顺电机旋转方向或逆时针方向移动，直至毫伏表指针基本不动时，电刷位置即在中性线位置。

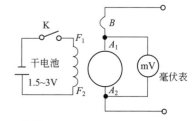

图6-12　感应法确定电刷中性点位置

（3）正反转电动机法　对于允许逆转的直流电动机，先使电动机顺转，后逆转，随时调整电刷位置，直到正反转转速一致时，电刷所在的位置就是中性线的位置。

5. 发电机不发电、电压低及电压不稳定

❶ 对自励电机来说，不发电的原因之一是剩磁消失。这种故障一般出现在新安装或经过检修的发动机中。如没有剩磁，可进行充磁。其方法是，待发电机转起来以后，用 12V 左右的干电池（或蓄电池），负极对主磁极的负极，正极对主磁极的正极进行接触，观察跨接在发电机输出端的电压表。如果电压开始建立，即可撤除。

❷ 励磁线圈接反。

❸ 电枢线圈匝间短路。其原因有绕组间短路、换向片间或升高片间有焊锡等金属短路。电枢短路的故障可以用短路探测器检查。对于没有发现绕组烧毁又没有拆开的电机，可用毫伏表

校验换向片间电压的方法检查。检查前，必须首先分清此电枢绕组是叠绕形式，还是波绕形式。因采用叠绕组的电机每对用线连接的电刷间有两个并联支路，而采用波绕组的电机每对用线连接的电刷间最多只有一个绕组元件。实际区分时，将电刷连线拆开，用电桥测量其电阻值，如原连的两组电刷间电阻值小，而正负电刷间的阻值较大，可认为是波绕组；如四组电刷间的电阻基本相等，可认为是叠绕组。

在分清绕组形式后，可将低压直流电源接到正负两对电刷上，毫伏表接到相邻两换向片上，依次检查片间电压。中小型电机常用图 6-13（a）所示的检查方法；大型电机常用图 6-13（b）所示的检查方法。在正常情况下，测得电枢绕组各换向片间的压降应该相等，或其中最小值和最大值与平均值的偏差不大于 ±5%。

如电压值是周期变化的，则表示绕组良好；如读数突然变小，则表示该片间的绕组元件局部短路；若毫伏表的读数突然为零，则表明换向片短路或绕组全部短路；片间电压突然升高，则可能是绕组断路或脱焊。

对于 4 极的波绕组，因绕组经过串联的两个绕组元件后才回到相邻的换向片上，如果其中一个元件发生短路，那么表笔接触在相邻的换向片上，毫伏表所指示的电压会下降，但无法辨别出两个元件哪个损坏。因此，还需把毫伏表跨接到相当于一个换向节距的两个换向片上，才能指示出故障的元件。其检查方法如图 6-14 所示。

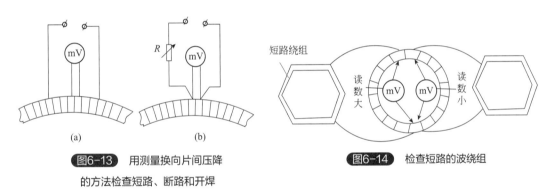

图6-13 用测量换向片间压降的方法检查短路、断路和开焊

图6-14 检查短路的波绕组

❹ 励磁绕组或控制电路断路。

❺ 电刷不在中性线位置或电刷与换向器接触不良。

❻ 转速不正常。

❼ 旋转方向错误（指自励电机）。

❽ 串励绕组接反。故障表现为发电机接负载后，负载越大电压越低。

6. 电动机不能启动

❶ 电动机无电源或电源电压过低。

❷ 电动机启动后有"嗡嗡"声而不转。其原因是过载，处理方法与交流异步电动机相同。

❸ 电动机空载仍不能启动。可在电枢电路中串上电流表测量电流。如电流小可能是电路电阻过大、电刷与换向器接触不良或电刷卡住。如果电流过大（超过额定电流），可能是电枢严重短路或励磁电路断路。

7. 电动机转速不正常

❶ 转速高：串励电动机空载启动；积复励电动机，串励绕组接反；磁极线圈断线（指两路并励的绕组）；磁极绕组电阻过大。

❷ 转速低：电刷不在中性线上；电枢绕组短路或接地。电枢绕组接地，可用校验灯检查，其方法如图 6-15 所示。

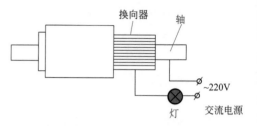

图6-15 用校验灯检查电枢绕组的接地点

8. 电枢绕组过热或烧毁

❶ 长期过载，换向磁极或电枢绕组短路。

❷ 直流发电机负载短路造成电流过大。

❸ 电压过低。

❹ 电机正反转过于频繁。

❺ 定子与转子相摩擦。

9. 磁极线圈过热

❶ 并励绕组部分短路：可用电桥测量每个线圈的电阻，是否与标准值相符或接近，电阻值相差很大的绕组应拆下重绕。

❷ 发电机气隙太大：查看励磁电流是否过大，拆开电机，调整气隙（即垫入铁皮）。

❸ 复励发电机带负载时，电压不足，调整电压后励磁电流过大：该发电机串励绕组极性接反，串励线圈应重新接线。

❹ 发电机转速太低。

10. 电枢振动

❶ 电枢平衡未校好。

❷ 检修时，风叶装错位置或平衡块移动。

11. 直流电机的拆装

拆卸前要进行整机检查，熟悉全机有关的情况，做好有关记录，充分做好施工的准备工作。拆卸步骤如下：

❶ 拆除电机的所有接线，同时做好复位标记和记录。

❷ 拆除换向器端的端盖螺栓和轴承盖的螺栓，并取下轴承外盖。

❸ 打开端盖的通风窗，从各刷握中取出电刷，然后再拆下接在刷杆上的连接线，并做好电刷和连接线的复位标记。

❹ 拆卸换向器端的端盖。拆卸时先在端盖与机座的接合处打上复位标记，然后在端盖边缘处垫以木楔，用铁锤沿端盖的边缘均匀地敲打，使端盖止口慢慢地脱开机座及轴承外圈。记好刷架的位置，取下刷架。

❺ 用厚牛皮纸或布把换向器包好，以保持清洁，防止碰撞损伤。

❻ 拆除轴伸出端的端盖螺钉，将连同端盖的电枢从定子内小心地抽出或吊出。操作过程中要防止擦伤绕组、铁芯和绝缘等。

❼ 把连同端盖的电枢放在准备好的木架上，并用厚纸包裹好。

❽ 拆除轴伸出端的轴承盖螺钉，取下轴承外盖和端盖。轴承只在有损坏时才需取下来更换，一般情况下不要拆卸。

电机的装配步骤按拆卸的相反顺序进行。操作中，各部件应按复位标记和记录进行复位，装配刷架、电刷时，更需细心认真。

第七章

无刷直流电动机

第一节

无刷直流电动机的工作原理

无刷直流电动机的工作原理可扫二维码观看彩图学习，电机接线、组装等可扫二维码观看视频学习。

无刷直流电动机的工作原理

无刷直流电动机的接线

无刷直流电动机的组装

无刷直流电动机的拆卸

无刷直流电动机的绝缘和绕组制备

无刷直流电动机第一相绕组展开图

无刷直流电动机第二相绕组展开图

无刷直流电动机第三相绕组展开图

第二节

常见无刷电机结构与绕组及磁极数配合

一、无刷电机结构

1. 定子

外转子直流无刷永磁电动机，采用凸极的内定子，由冲制的硅钢片叠成，见图7-1。

为减轻重量，节约材料，定子中心部分是空的，由内定子机架与转轴机座固定，在定子凸极上绕有励磁线圈，用来产生旋转磁场见图7-2。

图7-1　凸极的内定子铁芯

励磁线圈　铁芯

图7-2　有励磁绕组的凸极内定子

131

在定子机架上还安装有 4 个反射式光电开关元件，与转子外壳内安装的编码盘一同组成转子位置检测装置。

2. 转子

外转子由圆弧片状永磁体磁极组成，磁极采用强永磁材料制成，磁场方向为径向，相邻磁极磁场方向相反，三个磁极 N 极向内，三个磁极 S 极向内。磁极粘贴在机壳（上端盖）内圆周，机壳又是磁轭，提供转子磁路。在外转子内还安装有编码盘与定子上的反射式光电开关元件，一同组成转子位置检测装置。外转子如图 7-3 所示。

3. 整体结构

将外转子安装在转轴机座的轴承上，安装好上端盖（机壳）与下端盖，就组成了外转子直流无刷永磁电动机。

图 7-4 是外转子直流无刷永磁电动机的外观图。

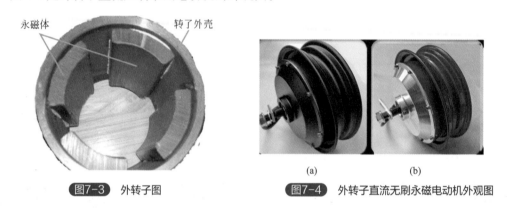

图7-3　外转子图

(a)　　　　(b)

图7-4　外转子直流无刷永磁电动机外观图

二、磁极对数的配合

磁场的旋转速度又称同步转速，它与三相电流的频率和磁极对数 P 有关。若定子绕组，在任一时刻合成的磁场只有一对磁极（磁极对数 $P=1$），即只有两个磁极。对只有一对磁极的旋转磁场而言，三相电流变化一周，合成磁场也随之旋转一周，如果是 50Hz 的交流电，旋转磁场的同步转速就是 50r/s 即 3000r/min，在工程技术中，常用转/分（r/min）来表示转速。如果定子绕组合成的磁场有两对磁极（磁极对数 $P=2$），即有四个磁极，可以证明，电流变化一个周期，合成磁场在空间旋转 180°，由此可以得出：P 对磁极旋转磁场每分钟的同步转速为 $n = 60f/P$。磁极对数配合如图 7-5 所示。

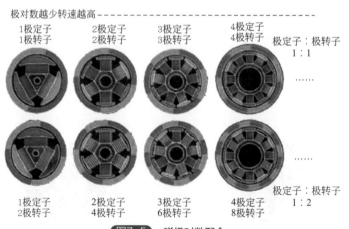

极对数越少转速越高------------------------------------

| 1极定子
1极转子 | 2极定子
2极转子 | 3极定子
3极转子 | 4极定子
4极转子 |

极定子：极转子
1：1
……

| 1极定子
2极转子 | 2极定子
4极转子 | 3极定子
6极转子 | 4极定子
8极转子 |

极定子：极转子
1：2
……

图7-5　磁极对数配合

当磁极对数一定时，如果改变交流电的频率，则可改变旋转磁场的同步转速，这就是变频调速的基本原理。由于电机的磁极是成对出现的，所以也常用极对数表示。

三、分数槽集中绕组永磁电机（一）

分数槽集中绕组永磁电机具有转矩特性优异、定位转矩小、转矩波动小的优点。图 7-6 为 12 槽 8 极的分数槽集中绕组永磁电机展开图。

分数槽集中绕组永磁电机的最大特点是集中绕组。在图 7-6 中，4 个蓝色线圈串联组成 U 相绕组；4 个绿色线圈串联组成 V 相绕组；4 个红色线圈串联组成 W 相绕组。各相绕组的线圈连接如图，12 个线圈组成三相绕组，三相的末端连接起来构成星形接法。

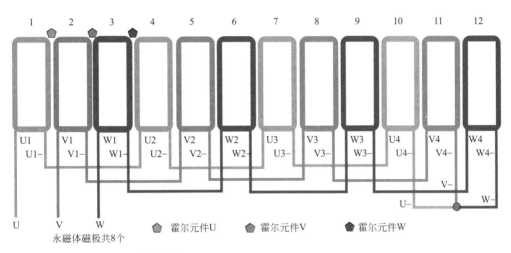

图7-6 12槽8极分数槽集中绕组永磁电机展开图

也可以由 3 个单个的绕组组成星形连接，再并联使用，见图 7-7。使用并联线圈时，线径比串联线圈小，匝数要多些，使每个并联绕组承担同样电压。

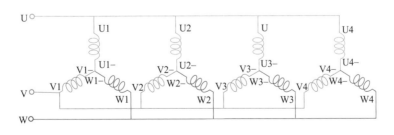

图7-7 并联的4个星形绕组

电机的驱动电源由三相桥式电路组成，图 7-8 是连接示意图。与三相异步电动机或三相同步电动机不同，该永磁电机输入的不是正弦波，在每时刻仅有两相通电。

霍尔元件安装在定子两个齿极间的空隙处，当转子的两个磁极交界处通过霍尔元件时，霍尔元件检测到极性变化，发出信号控制驱动电路进行三相电流的切换，共有霍尔元件 U、霍尔元件 V、霍尔元件 W 三个霍尔元件。

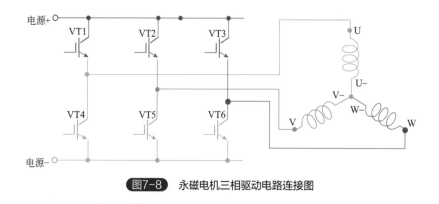

图7-8 永磁电机三相驱动电路连接图

四、分数槽集中绕组永磁电机（二）

12 槽 10 极分数槽集中绕组永磁电机的组成和结构与 12 槽 8 极分数槽集中绕组永磁电机相同，仅是转子为 10 极，即转子极数不同。虽转子极数略变，但绕组连接却大不相同，说明分数槽集中绕组永磁电机槽数与极数配合的多样性。

1. 线圈的连接

线圈的连接与 8 极完全不同，相邻的两个线圈反向串联作为一个相的绕组，在图 7-9 中蓝色线圈 1 和 2 反向串联作为 U 相绕组 1，蓝色线圈 7 和 8 反向串联作为 U 相绕组 2，两个再连接组成 U 相绕组。绿色的 V 相绕组与红色的 W 相绕组连接方式相同，U 相绕组、V 相绕组、W 相绕组组成星形连接，具体连接见图 7-9。

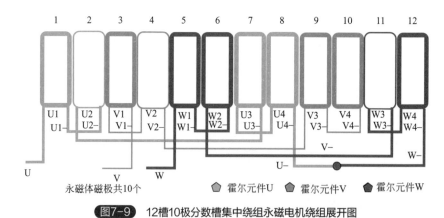

图7-9 12槽10极分数槽集中绕组永磁电机绕组展开图

2. 位置检测与驱动

同样采用三个霍尔元件进行位置检测，霍尔元件安装在定子两个齿极间的空隙处，当转子的两个磁极交界处通过霍尔元件时，霍尔元件检测到极性变化，发出信号控制驱动电路进行三相电流的切换。

电机的驱动电源由三相桥式电路组成，连接示意图参见图 7-8。与三相异步电动机或三相同步电动机不同，该永磁电机输入的不是正弦波，在每时刻仅有两相通电。

3. 12 槽 10 极分数槽集中绕组永磁电机的整体结构

定子铁芯由导磁良好的硅钢片冲制后叠成,在 12 个定子齿极上绕有 12 个线圈,组成三相绕组,见图 7-10。转子铁芯也由硅钢片叠成,压入转轴,在外圆周均匀粘贴 10 片永磁体,两端用转子压圈压紧,装上轴承,组成转子。把定子压入机座外壳,插入转子,装上前端盖,完成电机组装。

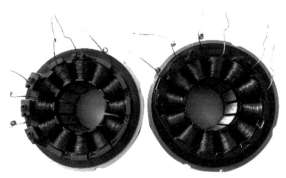

图7-10 12槽集中绕组永磁电机定子结构图

五、分数槽集中绕组永磁电机的槽极数组合

分数槽集中绕组永磁电机的定子槽数与转子磁极数可以有多种组合,在表 7-1 中列出了各种定子槽数可采用的转子磁极数。

表7-1 分数槽集中绕组槽极数组合表

槽数	转子可配极数									
6	4	8								
9	6	8	10	12						
12	8	10	14	16						
15	10	14	16	20						
18	12	14	16	20	22	24				
21	14	16	20	22	26	28				
24	16	20	22	26	28	32				
27	18	20	22	24	26	28	30	32	34	36
30	20	22	26	28	32	34	38	40		
33	22	26	28	32	34	38	40	44		
36	24	26	28	30	32	34	38	40	42	44	46
39	26	28	32	34	38	40	44	46		
42	28	32	34	38	40	44	46			
45	30	32	34	38	40	42	44	46		
48	32	34	38	40	44	46				
51	34	38	40	44	46					
54	36	38	40	42	44	46				

续表

槽数	转子可配极数				
57	38	40	42	44	46
60	40	44	46		
63	42	44	46		
66	44	46			

第三节
常用电动车（机器人AGV）轮毂电机

一、无刷轮毂电机定子与转子

51槽46极分数槽集中绕组永磁电机是多槽多极电机，绕组的线圈连接较复杂。在永磁电机部分中曾介绍过分数槽集中绕组永磁电机具有转矩特性优异、定位转矩小、转矩波动小等优点。在本节中介绍51槽46极分数槽集中绕组永磁电机的工作原理，该电机定子槽数与转子极数都很多，线圈连接复杂，充分说明分数槽集中绕组永磁电机槽数与极数配合的复杂性。

定子铁芯与转子磁轭由硅钢片冲制叠成，见图7-11。在定子铁芯的每个齿上绕有线圈，所有线圈节距为1，这些线圈组成三相绕组，称为集中式绕组，见图7-12。集中绕组线圈的端部长度短，铜损小，用铜量少，生产加工较容易，电机效率也较高。

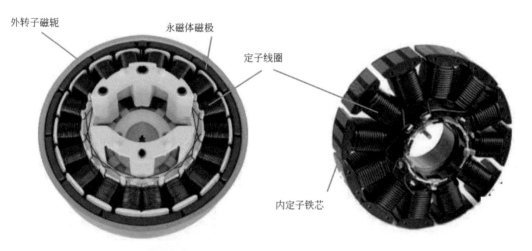

图7-11　51槽46极无刷电机定子铁芯与转子铁芯

图7-13是电机组合在一起的内定子与外转子。图7-13（a）是绕有线圈的定子，（b）是接线图，U相线圈是蓝色，V相线圈是绿色，W相线圈是红色。每相绕组有17个线圈，由于17是质数，所以每相线圈中有3个一组与4个一组。

在定子铁芯上安装有霍尔元件U、霍尔元件V、霍尔元件W，通过检测转子磁极极性变化来测定转子的转动位置，控制驱动电路，3个霍尔元件采用开关型集成元件，安装位置见图7-13（b）。

图7-12　有线圈的内定子与霍尔元件

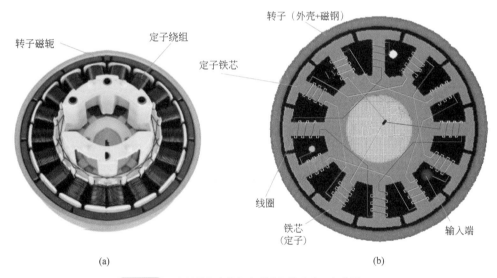

(a)　　　　　　　　　　　　　　　　　　　(b)

图7-13　分数槽集中绕组永磁电机的内定子与外转子

二、无刷轮毂电机分数槽绕组展开图

图 7-14 是其绕组的展开图，每个线圈标有对应的齿号与线圈的相号，同样蓝色是 U 相线圈，绿色是 V 相线圈，红色是 W 相线圈。

图 7-14 线圈太多不便于观察，把前面一组 U、V、W 三相绕组抽出来单独显示，并把三个绕组尾端连在一起，组成星形连接以便于分析，见图 7-15。图中显示了 3 个霍尔元件的位置，也注明了转子磁极的极性与运动方向。

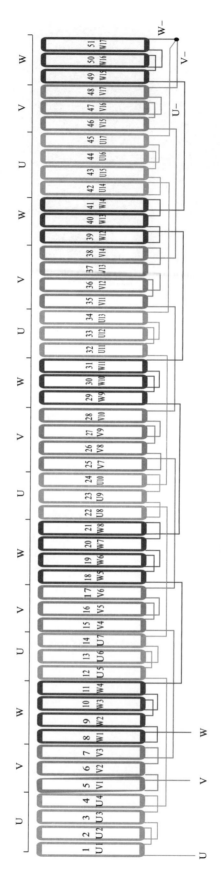

图7-14 51槽46极分数槽集中绕组永磁电机绕组展开图

注：关于绕组的连接及嵌线后面章节有详细讲解。

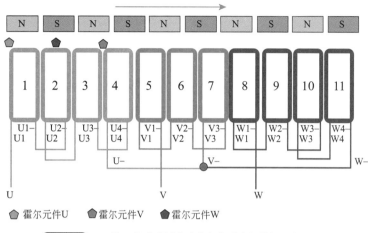

图7-15　51槽46极分数槽集中绕组永磁电机绕组局部展开图

三、无刷轮毂电机绕组与驱动电路连接

每相绕组的 17 个线圈串联起来，三相按星形连接。驱动电源为三相桥式电路，电源与绕组的连接参见图 7-8。

四、电动车多槽多极的分数槽集中绕组永磁电机整体构成

轮毂电机多槽多极的分数槽集中绕组永磁电机可实现较低转速、大转矩运行，非常适合作为电动车的直驱电机，在电动汽车、电动自行车、机器人、AGV 车等领域已广泛使用这种电机。图 7-16（a）是轮毂电机外观，图 7-16（b）是定子铁芯与绕组。图 7-17 是分数槽集中绕组永磁电机剖面图。

(a)　　　　(b)

图7-16　198系列轮毂电机

图7-17　分数槽集中绕组永磁电机剖面图

轮毂电机的外转子直接与轮毂机械连接，从而直接带动车轮同步旋转，也称为直接驱动式电动机。直接驱动电动机是低速旋转，转速一般在 1000 ～ 1500 r /min。优点是：由于没有减速机构，整个驱动轮的结构更加紧凑，传递效率更高。

同步电动机

第一节
大功率永磁同步电动机

近些年，永磁同步电动机得到较快发展，其特点是功率因数高、效率高，在许多场合开始逐步取代交流异步电机，其中异步启动永磁同步电动机的性能优越，是一种很有前途的节能电机。

一、永磁同步电动机的定子

永磁同步电动机的定子结构与工作原理与交流异步电动机一样，多为 4 极形式，本电机定子铁芯有 24 个槽，图 8-1 是安装在机座内的定子铁芯。

电机绕组按三相 4 极布置，采用单层链式绕组，通电产生 4 极旋转磁场。图 8-2 是有线圈绕组的定子示意图。

图8-1　定子铁芯与机座

图8-2　同步电动机定子绕组

二、永磁同步电动机的转子

永磁同步电动机与普通异步电动机的不同在于转子结构，永磁同步电动机的转子上安装有永磁体磁极，永磁体在转子中的布置位置有多种，下面介绍几种主要形式。

永磁体转子铁芯仍需用硅钢片叠成，因为永磁同步电动机基本都采用逆变器电源驱动，即使产生正弦波的变频器输出都含有高频谐波，若用整体钢材会产生涡流损耗。

第一种形式：图8-3是一个安装有永磁体磁极的转子，永磁体磁极安装在转子铁芯圆周表面上，称为表面凸出式永磁转子。磁极的极性与磁通走向如图8-3所示，这是一个4极转子。

根据磁阻最小原理，也就是磁通总是沿磁阻最小的路径闭合，利用磁引力拉动转子旋转，于是永磁转子就会跟随定子产生的旋转磁场同步旋转。

第二种形式：图8-4是另一种安装有永磁体磁极的转子，永磁体磁极嵌装在转子铁芯表面，称为表面嵌入式永磁转子。磁极的极性与磁通走向如图8-4所示，这也是一个4极转子。

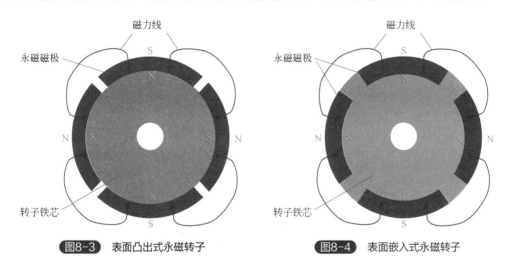

图8-3 表面凸出式永磁转子　　　　图8-4 表面嵌入式永磁转子

第三种形式：在较大的电机中用得较多的是在转子内部嵌入永磁体，称为内埋式永磁转子（或称为内置式永磁转子或内嵌式永磁转子）。永磁体嵌装在转子铁芯内部，铁芯内开有安装永磁体的槽，永磁体的布置主要方式见图8-5。在每一种形式中又有采用多层永磁体进行组合的方式。

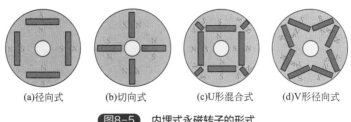

(a)径向式　　　(b)切向式　　　(c)U形混合式　　　(d)V形径向式

图8-5 内埋式永磁转子的形式

下面就径向式布置的转子为例做介绍。图8-6是转子铁芯。为防止永磁体磁通短路，在转子铁芯还开有隔磁空气槽，槽内也可填充隔磁材料。

把永磁体插入转子铁芯的安装槽内，磁极的极性与磁通走向见图8-7，可看出隔磁空气槽减小漏磁的作用。这也是一个4极转子。

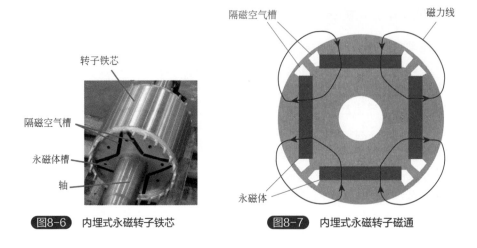

图8-6 内埋式永磁转子铁芯　　图8-7 内埋式永磁转子磁通

图8-6中标注：转子铁芯、隔磁空气槽、永磁体槽、轴

图8-7中标注：隔磁空气槽、磁力线、永磁体

三、永磁同步电动机整体结构

在安装好永磁体的转子铁芯插入转轴，并在转子铁芯两侧安装好散热风扇，见图8-8。把转子插入定子内，安装好端盖，组装成整机。

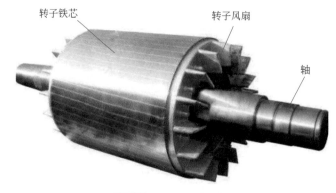

图8-8中标注：转子铁芯、转子风扇、轴

图8-8 内埋式永磁转子

永磁同步电动机不能直接通三相交流电启动，因转子惯量大，磁场旋转太快，静止的转子根本无法跟随磁场启动旋转。永磁同步电动机的电源采用变频调速器提供，启动时变频器输出频率从0开始连续上升到工作频率，电机转速则跟随变频器输出频率同步上升，改变变频器输出频率即可改变电机转速，是一种很好的变频调速电动机。

第二节
小功率同步电动机的检修

一、小功率同步永磁式电动机的结构

小功率同步永磁式电机，具有体积小、结构紧凑、耗电少、工作稳定、转动平稳、输出

力矩大和供电电压高低变化对其转速无影响等优点。永磁同步电动机的整体结构见图8-9，它由减速齿轮箱和电机两部分构成。电机由前壳、永磁转子、定子、主轴和后壳等组成。前壳和后壳均选用0.8mm厚的O8F结构钢板经拉伸冲压而成，壳体按一定角度和排列冲出6个辐射状的极爪，嵌装后上、下极爪互相错开构成一个定子，定子绕组套在极爪外。后壳中央铆有一根直径为ϕ1.6mm不锈钢主轴，主要作用是固定转子转动。永磁转子采用铁氧体粉末加入黏合剂经压制烧结而成，表面均匀地充磁$2P=12$极，并使N、S磁极交错排列在转子圆周上，永磁磁场强度通常为$0.07\sim0.08$T。组装时，先将定子绕组嵌入后壳内，采用冲铆方式铆牢电机。

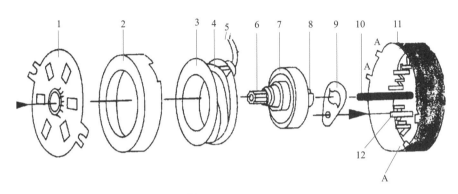

图8-9 永磁同步电动机构造

1—前端盖；2—前壳；3—绕组骨架；4—定子绕组；5—电源引线；6—转子轴；
7—永磁转子；8—三爪后轴；9—三爪压片；10—固定轴；11—后壳；12—极掌

二、小功率同步永磁式电动机的维修

检修时，首先从同步电机外部电路检查，看连接导线是否折断、接线端子是否脱落。若正常，用万用表交流250V测量接线端子的端电压，若正常，说明触头工作正常，断定同步电机损坏。

拧下同步电机两个M3螺钉，卸下电机，用什锦锉锉掉后壳铆装点（见图8-9后壳"A"四处），用一字螺丝刀插入前壳缝隙中将前壳撬出，取出绕组，用万用表R×1k或R×10k挡测量电源引线两端。绕组正常电阻为$10\sim10.5$kΩ左右，如果测量出的电阻为无穷大，说明绕组断路。这种断路故障有可能发生在绕组引线处，先拆下绕组保护罩，用镊子小心地将绕组外层绝缘纸掀起来，细心观察引线的焊接处，找出断头后，逆绕线方向退一匝，剪断霉断头，重新将断头焊牢引线，将绝缘纸包扎好，装好电机，故障排除。

有时断头未必发生在引线焊点处，很有可能在绕组的表层，此时可将绕组的漆包线退到一个线轴上，直至将断头找到。用万用表测量断头与绕组首端是否接通。若接通，将断头焊牢包扎绝缘好，再将拆下的漆包线按原来绕线方向如数绕回线包内，焊好末端引线，装好电机，故障消除。

绕组另一种故障是烧毁。轻度烧毁为局部或层间烧毁，线包外层无烧焦迹象。严重烧毁线包外层有烧焦迹象。对于烧毁故障，用万用表R×1k或R×10k挡测量引线两端电阻。如果测得电阻比正常电阻小很多，说明绕组严重烧毁短路。对于上述的烧毁故障，必须重新绕制绕组，具体做法：将骨架槽内烧焦物、废线全部清理干净，如果骨架槽底有轻度烧焦或局部变形疙瘩，可用小刀刮掉或用什锦锉锉掉，然后在槽内缠绕 2 ～ 3 匝涤纶薄膜青壳纸作绝缘层。将骨架套进绕线机轴中，两端用螺母迫紧，找直径 0.05mm 的 QA 型聚氨酯漆包线密绕 11000 匝（如果手头只有直径 0.06mm 的 QZ-1 型漆包线也可使用，绕后只是耗用电流大一些，对使用性能无影响）。由于绕组用线的直径较细，绕线时绕速力求匀称，拉力适中，切忌一松一紧，以免拉断漆包线，同时还要注意漆包线勿打结。为了加强首末两端引线的抗拉强度，可将首末漆包线来回对折几次，再用手指捻成一根多股线，再将其缠绕在电源引线裸铜线上，不用刮漆，用松香焊牢即可。注意，切勿用酸性焊锡膏进行焊锡，否则日后使用漆包线容易锈蚀折断！绕组绕好了，再用万用表检查是否对准铆装点（四处），用锤子敲打尖冲子尾端，将前、后壳铆牢。通电试转一段时间，若转子转动正常，无噪声，外壳温升也正常，即可装机使用。

第九章

直线电机

一、直线电机基本原理

直线电机又称线性电机、线性马达，是一种能把电能转换成直线运动机械能，而不需要任何中间转换机构的传动装置。

所谓直线电机就是利用电磁作用原理，将电能直接转换成直线运动动能的设备。在实际的应用中，为了保证在整个行程之内初级与次级之间的耦合保持不变，一般要将初级与次级制造成不同的长度。

直线电机与旋转电机类似，通入三相电流后，也会在气隙中产生磁场，如果不考虑端部效应，磁场在直线方向呈正弦分布，只是这个磁场是平移而不是旋转的，因此称为行波磁场。行波磁场与次级相互作用便产生电磁推力，这就是直线电机运行的基本原理。如图9-1所示。

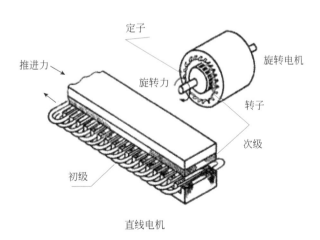

图9-1 旋转电机和直线电机示意图

由于直线电机和旋转电机之间存在以上对应关系，因此每种旋转电机都有相对应的直线电机，但直线电机的结构形式比旋转电机更灵活。

二、直线电机的分类

直线电机按工作原理可分为：直线直流电机、直线感应电机、直线同步电机、直线步进电机、直线压电电机及直线磁阻电机。按结构形式可分为平板式、U形式及圆筒式。

三、单边直线电机

直线电机可以认为是旋转电机在结构方面的一种演变，它可看作是将一台旋转电机沿径向剖开，然后将电机的圆周展成直线，如图9-2所示。这样就得到了由旋转电机演变而来的最原始的直线电机。由定子演变而来的一侧称为初级或原边，由转子演变而来的一侧称为次级或副边。

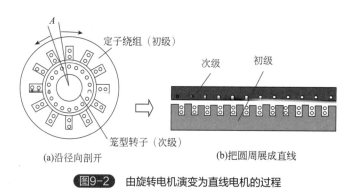

(a)沿径向剖开　　　　　　(b)把圆周展成直线

图9-2 由旋转电机演变为直线电机的过程

图9-2中演变而来的直线电机，其初级和次级长度是相等的，由于在运行时初级与次级之间要做相对运动，如果在运动开始时，初级与次级正巧对齐，那么在运动中，初级与次级之间互相耦合的部分越来越少，而不能正常运动。

为了保证在所需的行程范围内初级与次级之间的耦合能保持不变，因此实际应用时，要将初级与次级制造成不同的长度。在直线电机制造时，既可以是初级短、次级长，也可以是初级长、次级短，前者称作短初级长次级，后者称为长初级短次级。但是由于短初级在制造成本和运行的费用上均比短次级低得多，因此，目前除特殊场合外，一般均采用短初级，如图9-3所示。

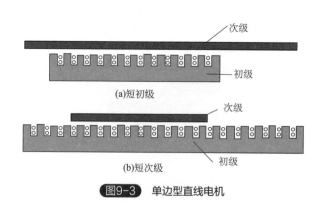

(a)短初级

(b)短次级

图9-3 单边型直线电机

扁平型直线电机，是目前应用最广泛的形式，除了扁平型的结构形式外，直线电机还可以做成圆筒型(也称管型)结构。它也可以看作是由旋转电机演变过来的，其演变的过程如图9-4所示。

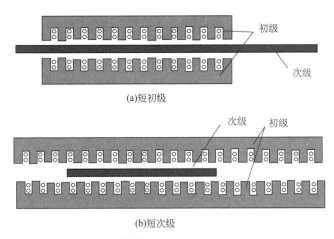

初级

次级

(a)短初级

次级   初级

(b)短次级

图9-4 双边型直线电机

旋转电机通过钢绳、齿条、带等转换机构转换成直线运动，这些转换机构在运行中，其噪声是不可避免的；而直线电机是靠电磁推力驱动装置运行的，故整个装置或系统噪声很小或无噪声，运行环境好。

四、圆筒型直线电机

图9-5（a）中表示一台旋转式电机以及定子绕组所构成的磁场极性分布情况，图9-5（b）表示转变为扁平型单边直线电机后，初级绕组所构成的磁场极性分布情况，然后将扁平型直线电机沿着和直线运动相垂直的方向卷接成筒状，这样就构成图9-5（c）所示的圆筒型直线电机。

此外，直线电机还有弧型和盘型结构。所谓弧型结构，就是将平板型直线电机的初级沿运动方向改成弧状，并安放于圆柱状次级的柱面外侧，如图9-6所示。

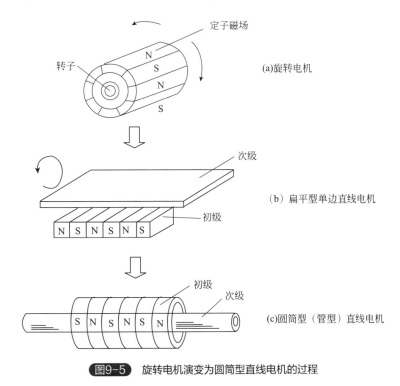

定子磁场

转子

(a)旋转电机

次级

（b）扁平型单边直线电机

初级

初级

次级

(c)圆筒型（管型）直线电机

图9-5 旋转电机演变为圆筒型直线电机的过程

图 9-7 是圆盘型直线电机，该电机把次级做成一片圆盘（铜或铝，或铜、铝与铁复合），将初级放在次级圆盘靠近外缘的平面上，圆盘型直线电机的初级可以是双面的，也可以是单面的。

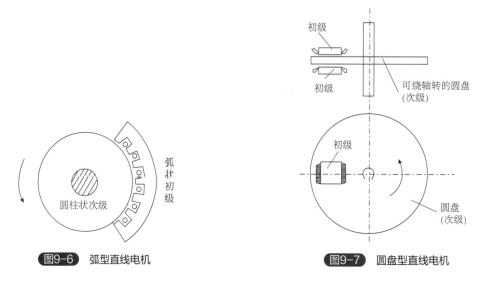

图9-6　弧型直线电机　　　　　　图9-7　圆盘型直线电机

弧型和盘型直线电机的运动实际上是一个圆周运动，如图 9-7 中的箭头所示，然而由于它们的运行原理和设计方法与扁平型直线电机结构相似，故仍归入直线电机的范畴。

第十章

发电机

发电机的发电原理是一种能量转换过程，例如，水流动的能量带动水轮机转动，由水轮机带动发电机转动，并输出感应电动势，即将水库中水流的能量转换为电能。

发电机基本的工作原理即为，将各种带动发电机转子转动的机械能，通过电磁感应转换为电能的过程。

直流发电机的工作原理和交流同步发电机的工作原理可扫二维码详细学习。

直流发电机的工作原理

交流同步发电机的工作原理

一、三相交流发电机的整体结构

下面以可用于教学的三相交流发电机为例进行介绍。该发电机属 2 极 12 槽三相交流发电机，结构与真实的三相交流发电机较接近。

图 10-1 是发电机的定子铁芯，由冲压的硅钢片叠成，定子铁芯内圆周有嵌放定子线圈的槽，槽之间称为齿。

把定子三相绕组嵌装在定子铁芯的槽内（图 10-2），有关定子线圈的下线次序在图 10-3 ～图 10-10 进行介绍。

图10-1 定子铁芯

UVW 三相绕组

定子铁芯

图10-2 定子铁芯与绕组

二、三相交流发电机的绕组

下面介绍这个发电机的定子绕组，这是一台 2 极 12 槽三相交流发电机，其绕组展开图见图 10-3，属于单层链式绕法，在三相交流电机绕组中有介绍。

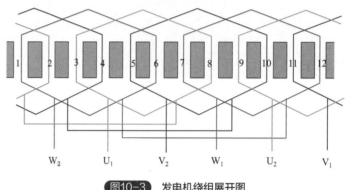

图10-3 发电机绕组展开图

为便于观看，略去定子铁芯压圈，为方便下线，在槽边标有槽号。嵌放 W 相线圈 1，把一边嵌放在 6 号槽，另一边先悬空，以方便后面线圈的嵌入，待最后再放入 1 号槽，见图 10-4。

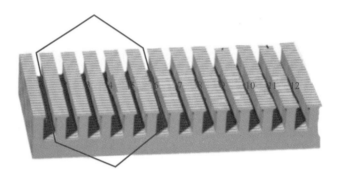

图10-4 嵌放W相线圈1

嵌放 U 相线圈 1，把一边嵌放在 8 号槽，另一边先悬空，以方便后面线圈的嵌入，待最后再放入 3 号槽，见图 10-5。

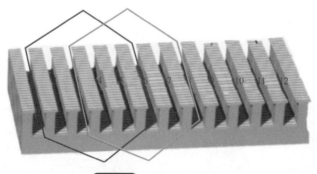

图10-5 嵌放U相线圈1

嵌放 V 相线圈 1，把一边嵌放在 10 号槽，另一边嵌放在 5 号槽，见图 10-6。

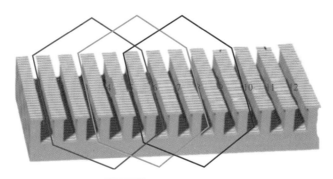

图10-6　嵌放V相线圈1

嵌放 W 相线圈 2，把一边嵌放在 12 号槽，另一边嵌放在 7 号槽，见图 10-7。

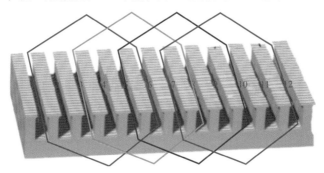

图10-7　嵌放W相线圈2

嵌放 U 相线圈 2，把一边嵌放在 2 号槽，另一边线圈嵌放在 9 号槽，见图 10-8。

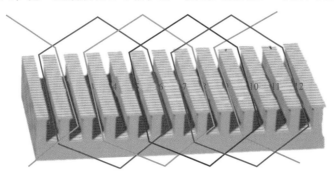

图10-8　嵌放U相线圈2

嵌放 V 相线圈 2，把一边嵌放在 4 号槽，另一边嵌放在 11 号槽，见图 10-9。

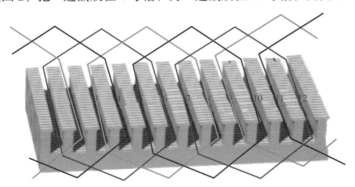

图10-9　嵌放V相线圈2

把 W 相线圈 1 与 U 相线圈 1 的另一边分别嵌放回 1 号槽与 3 号槽，下线工作全部结束。

按图 10-10 把 U 相两个线圈连接起来，并引出 U_1 端与 U_2 端；把 V 相线圈连接起来，并引出 V_1 端与 V_2 端；把 W 相两个线圈连接起来，并引出 W_1 端与 W_2 端。3 个绕组按星形连接，引出中性线。图 10-10 是定子铁芯与绕组连接图。

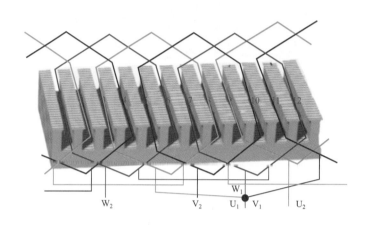

图10-10　定子铁芯与绕组连接图

三、发电机的转子

2 极转子铁芯由导磁良好的钢制作，并安装在转子的转轴上，铁芯上绕制有线圈，见图 10-11。

在转子铁芯上安装线圈框架并绕上励磁线圈，在转轴上安装滑环，把励磁线圈的 2 个线端连接到 2 个滑环上，见图 10-12。

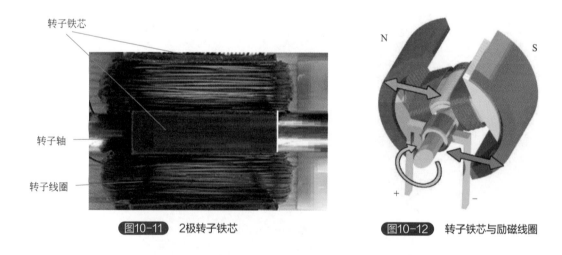

图10-11　2极转子铁芯

图10-12　转子铁芯与励磁线圈

在发电机底板上安装接线板，共装有 6 个接线柱，4 个用于三相交流电线与中性线的输出连接，定子绕组按星形连接，引出中性线。转子励磁线圈供电通过电刷引到另两个接线柱。整个发电机模型见图 10-13。

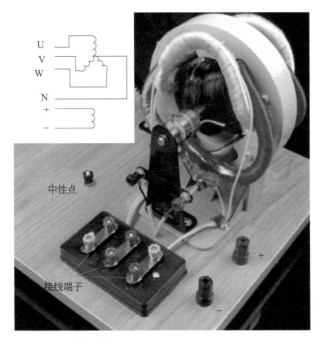

图10-13 三相交流发电机与接线板

由于该三相发电机是 2 极发电机，如果要发出 50Hz 的交流电，必须有 3000r/min 的转速，使用小型异步电动机同转速带动，可发出略低于 50Hz 的三相交流电；通过带轮增速传动，略放大传动比，可发出 50Hz 左右的三相交流电。

在实际发电机中，电枢供电是在定子中镶嵌一组小线圈（由比较细的漆包线绕制成），引出引线通过整流得到正负电源再接入电枢中，如图 10-14 所示。定子可以是 12、18、24、36 槽，转子电枢绕组可以是由 2、4 组线圈构成。

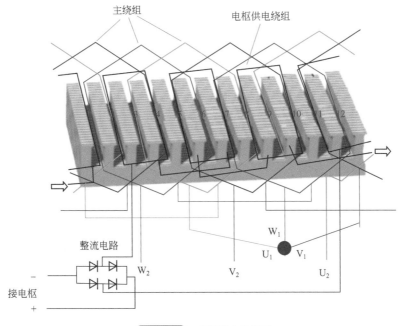

图10-14 实际发电机绕组

第二节
常用柴油汽油发电机

一、柴油汽油发电机接线图

本节介绍柴油发电机的构造，发电机的大小不同、型号不同，其结构也不相同，但主要部分的结构与功能相同。柴油发电机由定子、转子、励磁发电机、机座等主要部分组成。柴油发电机转速较汽轮机低，一般是 1500 ～ 3000r/min。功率不同的发电机，其绕组数据有所不同，但电路连接基本相同。

柴油发电机实质是一台三次谐波自励磁凸极式三相四线同步发电机，因具有输出功率大、适合移动等优点，故广泛用于厂矿工作、工程施工等场合。虽然功率不同的发电机，其绕组数据有所不同，但电路连接基本相同，如图 10-15 所示。

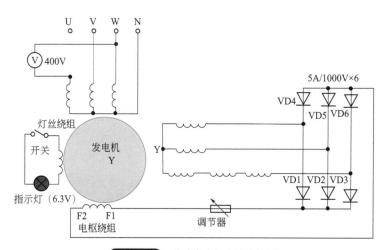

图10-15 柴油发电机电路连接图

> 说明：1. 灯丝绕组线径 $\phi = 0.62$mm，匝数为4，接指示灯电路。
> 2. 主绕组为1.08mm漆包线双线并绕。
> 3. 三次谐波励磁绕组为0.90mm漆包线单线绕，励磁补偿绕组为0.90mm漆包线单线绕。
> 4. 有辅助发电转子的励磁绕组绕制在励磁转子上，与整流管同时安装在转子上，电流直接接电枢绕组；无辅助励磁转子的发电机励磁绕组绕制在定子槽内，整流管安装在机壳上，利用剩磁启动发电，电流通过电刷送入电枢绕组。

二、电刷式手动调速发电机（以厂内35kW为例）的常见故障与检修

1. 发电机不发电

柴油发动机工作正常，发电机转子转速正常、稳定，但机组控制屏上输出指示灯不亮，无电压指示。可能原因及维护措施见表 10-1。

表10-1　发电机不发电故障检修	
可能原因	维护措施
1. 接线错误	1. 按接线图仔细校对检查。要特别注意励磁绕组的接线是否正确
2. 剩磁电压太低	2. 可用蓄电池充电，正极接 F1 端，负极接 F2 端
3. 整流元件损坏	3. 用万用表检查。正常情况下正向电阻与反向电阻差别很大，如果正反向电阻相差不大，说明整流元件已经损坏，应进行更换
4. 励磁绕组断路	4. 用万用表电阻挡测量励磁线圈电阻值，若指针指示开路，应进一步确定断路点，然后将其重新焊接并包好绝缘
5. 柴油机转速太低	5. 提高转速，使其保持额定值
6. 接头松动或开关接触不良	6. 用万用表查出后，将接头拧紧焊牢或检修开关接触部分
7. 电刷和集电环接触不良	7. 研磨电刷表面，使之与集电环接触良好或调整电刷弹簧压力
8. 电刷架生锈，使电刷不能滑动	8. 用 00 号砂布擦净刷握内表面，如刷握损坏应予以更换

2. 发电机电压调不上

可能原因及维护措施见表 10-2。

表10-2　发电机电压调不上故障检修	
可能原因	维护措施
1. 柴油机转速太低	1. 调整柴油机转速，使之达到额定值
2. 励磁电流过小	2. 调节磁场变阻器或检修励磁调压装置
3. 开关接触不良或损坏	3. 用万用表查出后，检修开关接触部分或更换开关
4. 电抗气隙太小	4. 对相复励式励磁发电机，应重新调整电抗器气隙
5. 仪表不准确，发电机实际电压较仪表读数高	5. 检修或更换仪表

3. 发电机电压不稳

可能原因及维护措施见表 10-3。

表10-3　发电机电压不稳故障检修	
可能原因	维护措施
1. 励磁装置故障	1. 检查励磁装置中的元件（二极管、晶闸管）是否损坏，损坏时应更换
2. 电压调整定位器接线松动	2. 将接线紧固并接好
3. 电刷与集电环接触不良	3. 调整电刷弹簧压力或研磨电刷、集电环，使之接触良好

4. 发电机过热

故障原因：负载过大或三相负载不对称、定转子绕组有短路、通风道阻塞或风扇损坏、轴承损坏等，可查明原因，对症维修。

5. 加上负载后电压下降过多

可能原因及维修措施，见表 10-4。

表10-4 加上负载后电压下降过多故障检修	
可能原因	维护措施
1. 励磁电流跟不上增加	1. 检查励磁调压装置中的元件有无损坏，损坏时应更换
2. 供电线路中有单相接地	2. 找出单相接地点，消除接地故障

6. 绝缘电阻过低

故障原因有：导线损坏后接地、发电机绕组受潮、配电盘线路受潮等，可通过包好绝缘和烘干等方法修复。

第三节
汽车常用发电机

汽车常用发电机的原理与检修可扫二维码详细学习。

汽车常用发电机
的原理与检修

第十一章

电动机实物维修图解

一、三相电机拆卸过程

1. 接线盒拆卸

电机接线盒的拆卸如图 11-1 所示。

拧下接线盒固定螺钉

拿掉接线盒

图11-1　接线盒的拆卸

2. 风扇罩与风扇拆卸

风扇罩的拆卸如图 11-2 所示。风扇的拆卸如图 11-3 所示。

3. 端盖与转子拆卸

端盖与转子拆卸如图 11-4 所示。

图11-2　风扇罩的拆卸

图11-3　风扇的拆卸

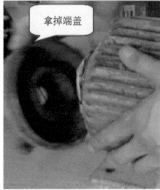

图11-4

拆开后的定子、转子、前端盖和后端盖

图11-4 端盖与转子拆卸

二、电机定子线圈拆卸槽清理过程

1. 绕组拆卸

绕组的拆卸如图 11-5 所示。

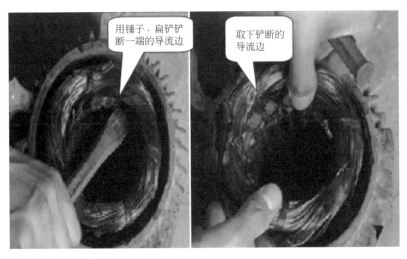

用锤子、扁铲铲断一端的导流边

取下铲断的导流边

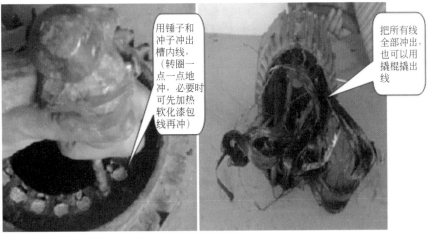

用锤子和冲子冲出槽内线，（转圈一点一点地冲，必要时可先加热软化漆包线再冲）

把所有线全部冲出，也可以用撬棍撬出线

图11-5 绕组的拆卸

2. 槽的清理

槽的清理如图 11-6 所示。

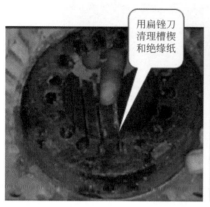

用扁锉刀清理槽楔和绝缘纸

用圆锉刀或清槽刷清理槽中的杂物，全部清理干净

图11-6 槽的清理

三、线圈的绕制与绝缘槽楔的制备

1. 线圈的绕制

（1）记录原始数据 记录原始数据过程如图 11-7 所示。

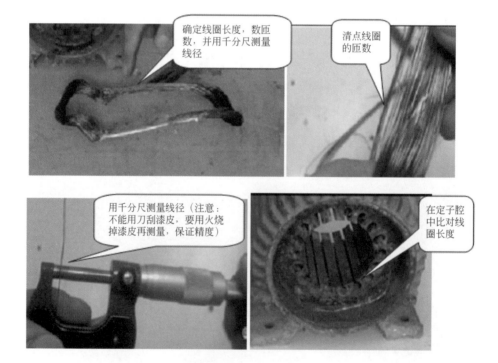

确定线圈长度，数匝数，并用千分尺测量线径

清点线圈的匝数

用千分尺测量线径（注意：不能用刀刮漆皮，要用火烧掉漆皮再测量，保证精度）

在定子腔中比对线圈长度

图11-7 记录原始数据过程

（2）线圈绕制 线圈绕制如图 11-8 所示。

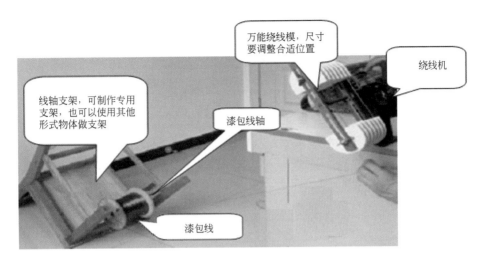

图11-8 线圈绕制

（3）捆扎线圈　线圈捆扎如图 11-9 所示。

（4）退模　退模如图 11-10 所示，绕制好的线圈如图 11-11 所示。

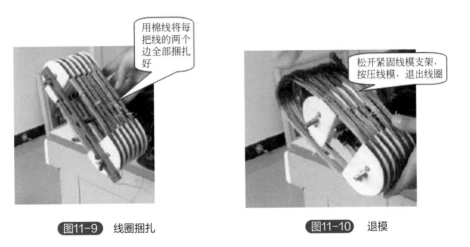

图11-9 线圈捆扎　　　　　　　　图11-10 退模

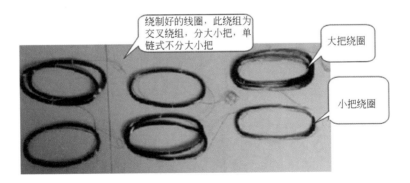

图11-11 绕制好的线圈

2. 绝缘纸与槽楔制备

绝缘纸与槽楔制备如图 11-12 所示。

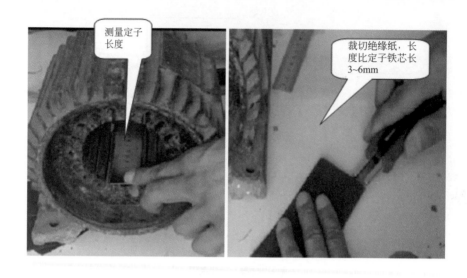

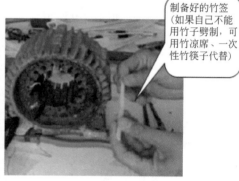

图11-12　绝缘纸与槽楔制备

四、定子绕组的嵌线与接线、捆扎全过程

1. 定子绕组嵌线过程

提示：在嵌线前要掌握绕组展开图和布线图。展开图和布线图如图 11-13 所示。绕组展开图详细标出接线方式，绕组布线图可详细标出绕组接线几槽位，初学者要多学习掌握展开图和布线图，知道规律后就可以省去这一步。

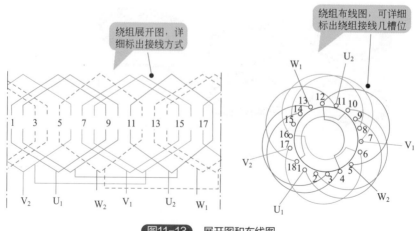

图11-13　展开图和布线图

2. 嵌线

嵌线可以采用正嵌法，也就是 1/2/3/4……以此类推。也可以采用倒嵌法 2/1/18/17/16……以此类推，依照个人习惯嵌线。下面采用正嵌法嵌线。

（1）嵌 9、10 槽线　如图 11-14 所示。嵌线方法如图 11-15 ～图 11-21 所示。

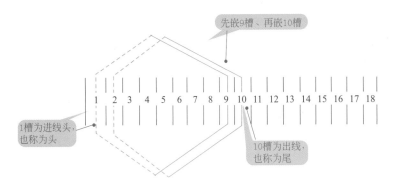

图11-14　先嵌A相9、10槽展开图

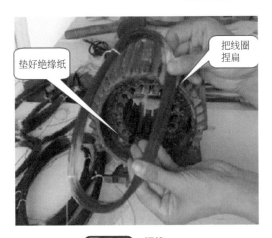

图11-15　捏线

图11-16　拉线

图11-17　划线

图11-18　裁切绝缘纸

用划线板将纸划入槽内，可用压线角压槽内线圈，插入竹签

垫好绝缘纸，防止剐蹭

两侧向后拉线根部，为后续嵌线留有足够的空间，后续每一步都要做这一步骤

图11-19 嵌入槽楔   图11-20 向后拉线根

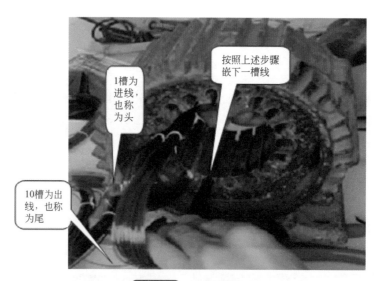

按照上述步骤嵌下一槽线

1槽为进线，也称为头

10槽为出线，也称为尾

图11-21 嵌入后槽线

（2）隔开1槽嵌C相12槽 如图11-22和图11-23所示。

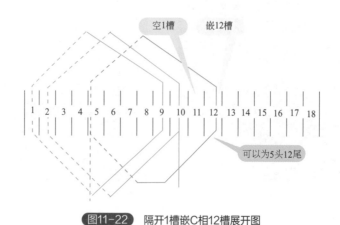

空1槽   嵌12槽

1 2 3 4 5 6 7 8 9 10 11 12 13 14 15 16 17 18

可以为5头12尾

图11-22 隔开1槽嵌C相12槽展开图

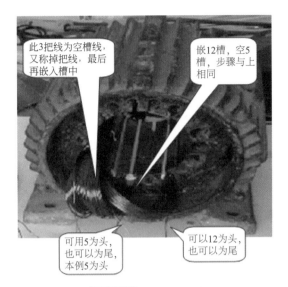

图11-23 嵌好的12槽

（3）隔开 2 槽嵌 B 相 15/7、16/8 槽　如图 11-24 ～图 11-26 所示。

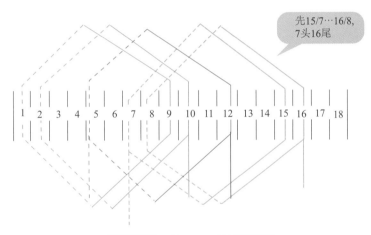

图11-24 嵌15/7、16/8槽展开图

图11-25 嵌好15/7槽

图11-26 嵌好的16/8槽

（4）隔开 1 槽嵌 A 相 18/11 槽　10 槽为出线，称为尾，进 18 槽，出线在 11 槽。如图 11-27 和图 11-28 所示。

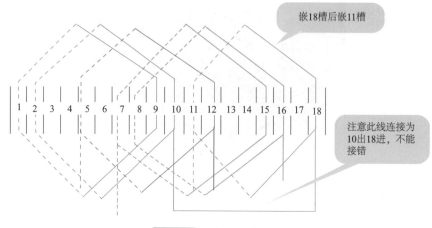

图11-27　嵌18/11槽展开图

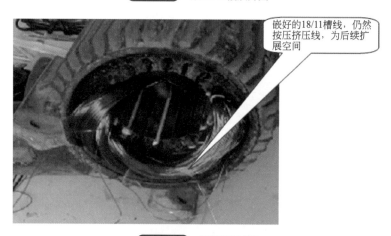

图11-28　嵌好18/11槽

（5）隔开 2 槽，嵌 C 相的 13/3、14/4 槽，注意接线不能错　如图 11-29、图 11-30 所示。

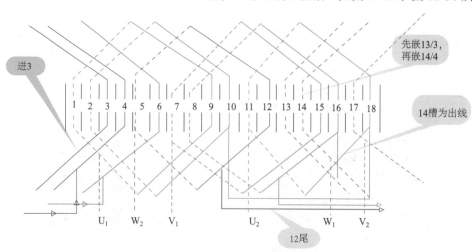

图11-29　嵌13/3、14/4槽展开图

图11-30 嵌好13/3、14/4槽

（6）隔开 1 槽嵌 B 相的 17/6 线圈、注意接线不能错　如图 11-31 和图 11-32 所示。

（7）嵌 A 相的 1、2 槽，压槽　如图 11-33 和图 11-34 所示。

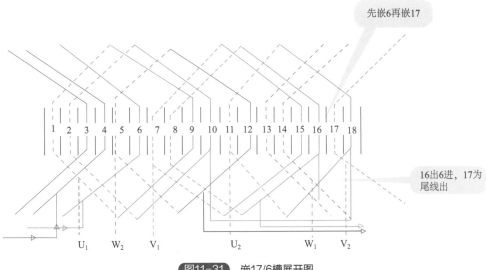

图11-31 嵌17/6槽展开图

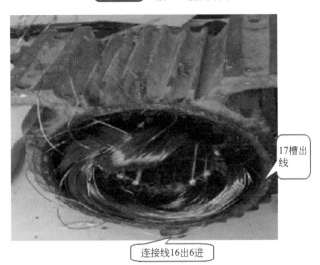

图11-32 嵌好的17/6槽

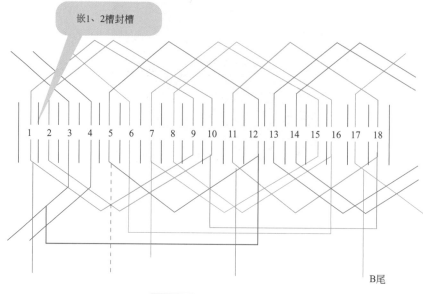

图11-33 嵌1、2槽展开图

图11-34 嵌好的1、2槽

（8）嵌 C 相的 5 槽封槽 如图 11-35 和图 11-36 所示。

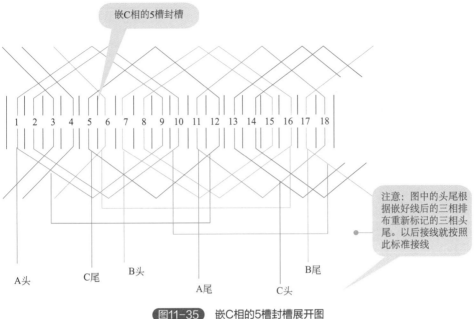

嵌C相的5槽封槽

注意：图中的头尾根据嵌好线后的三相排布重新标记的三相头尾。以后接线就按照此标准接线

A头　　C尾　　B头　　A尾　　C头　　B尾

图11-35　嵌C相的5槽封槽展开图

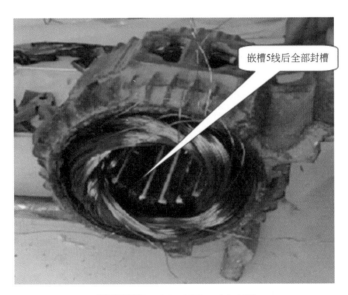

嵌槽5线后全部封槽

图11-36　嵌好5槽线后全部封槽

3. 绕组判断与接线

当所有线全部嵌好后，就可以用万用表测量每个线头，找出每相绕组的头尾。如图11-37～图11-41所示。

焊接好线后，根据每个绕组找出头和尾，先假定一个绕组的头，找到此线圈的另一个边槽，其槽内侧的第一个头就是第二相的头，找到第二相头后，找到对应的另一边线槽，其内侧第一个头即为第三相的头，此方法非常方便。后续如果为星形连接，则将三个头或三个尾连接在一起，来作中线点，另外三个线头接相线。如果是三角形连接，则将邻近的头和尾相接后接相线就可以了。

用万用表电阻挡测量任意两个线头，通的即为一个绕组的两个线头

图11-37 万用表测量每个线头

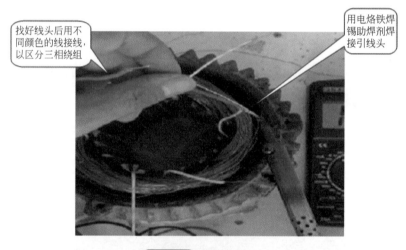

找好线头后用不同颜色的线接线，以区分三相绕组

用电烙铁焊锡助焊剂焊接引线头

图11-38 焊接引线头

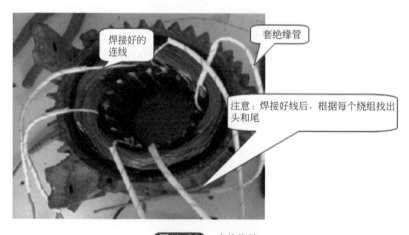

焊接好的连线

套绝缘管

注意：焊接好线后，根据每个绕组找出头和尾

图11-39 套绝缘管

整理连接线

图11-40　整理连接线

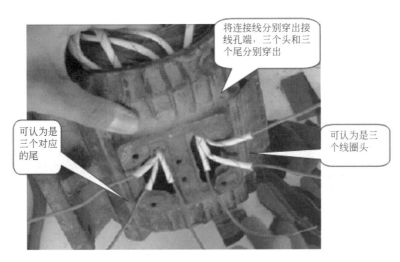

将连接线分别穿出接线孔端，三个头和三个尾分别穿出

可认为是三个对应的尾

可认为是三个线圈头

图11-41　穿出接线

4. 垫相间绝缘与绕组的捆扎

（1）垫相间绝缘　如图 11-42 和图 11-43 所示。

裁切相间绝缘纸

图11-42　裁切绝缘纸

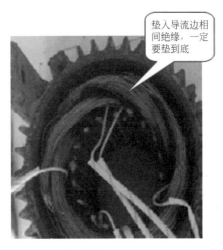

垫入导流边相间绝缘，一定要垫到底

图11-43　垫入相间绝缘

（2）捆扎与整理　如图11-44～图11-47所示。

引出线端的捆扎要密，捆紧

图11-44　线端的捆扎

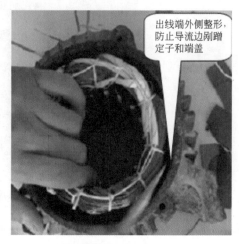

出线端外侧整形，防止导流边剐蹭定子和端盖

图11-45　外侧整形

出线端内侧整形，防止导流边剐蹭转子

图11-46　内侧整形

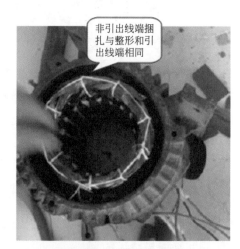

非引出线端捆扎与整形和引出线端相同

图11-47　非引出线端捆扎

五、绕组的浸漆与检测绝缘

1. 绕组的浸漆

（1）预加热　如图11-48所示。

（2）浇绝缘漆　如图11-49所示。

（3）烘干处理　如图11-50所示。

电机接线捆扎

电机浸漆

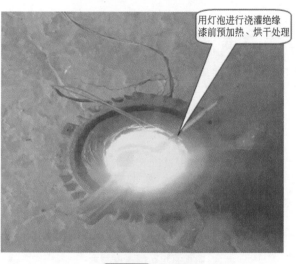

用灯泡进行浇灌绝缘漆前预加热、烘干处理

图11-48　预加热

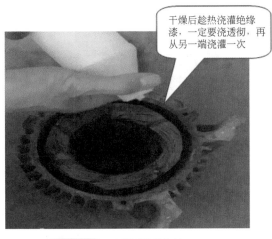

干燥后趁热浇灌绝缘漆，一定要浇透彻，再从另一端浇灌一次

图11-49　干燥后趁热浇漆

浇灌绝缘漆后再进行烘干，到用手摸不粘手为止

图11-50　烘干处理

2. 检测绝缘

检测绝缘，如图 11-51 所示。

用万用表的欧姆挡或者绝缘电阻表测量绕组与外壳的绝缘电阻，大于500MΩ为好

图11-51　检测绝缘

单相电机绕组检测

三相电机绕组检测

六、电机的组装全过程

1. 端盖与转子的组装

端盖与转子的组装，如图 11-52 ～图 11-56 所示。

2. 风扇与风扇罩的组装

风扇与风扇罩的组装，如图 11-57 和图 11-58 所示。

3. 出线端子接线与线端盖安装

出线端子接线与线端盖安装，如图 11-59 和图 11-60 所示。

将转子一端装入端盖后将转子装入定子内

图11-52 组装端盖与转子

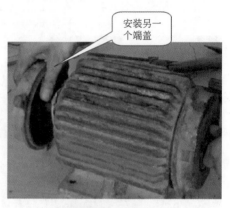

安装另一个端盖

图11-53 安装端盖

安装端盖紧固螺钉，并轻微紧固

图11-54 安装端盖紧固螺钉

用手锤转圈敲打端盖，使端盖与定子紧密配合

图11-55 用手锤转圈敲打端盖

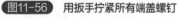

用扳手拧紧所有端盖螺钉

图11-56 用扳手拧紧所有端盖螺钉

根据键槽定位安装风扇，并安装好固定卡子

图11-57 安装风扇

安装好风扇罩

图11-58 安装风扇罩

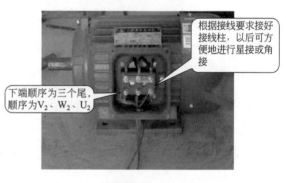

根据接线要求接好接线柱，以后可方便地进行星接或角接

下端顺序为三个尾，顺序为V_2、W_2、U_2

图11-59 端子接线

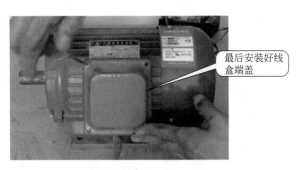

图11-60 线盒端盖安装

提示 ▶▶

① 上端顺序为三个头，顺序为 U_1、V_1、W_1 连接在一起。下端顺序为三个尾，顺序为 V_2、W_2、U_2 接相线，为 Y 形接法。

② 上端顺序为三个头，顺序为 U_1、V_1、W_1，下端顺序为三个尾，将 U_1V_2、V_1W_2、W_1U_2 接在一起，再接相线，为 △ 形接法。

第二节
三相电动机双层绕组详细嵌线接线图解

一、三相24槽电机绕组展开图与接线图

三相 24 槽电机绕组展开图与接线图，见图 11-61 和图 11-62。

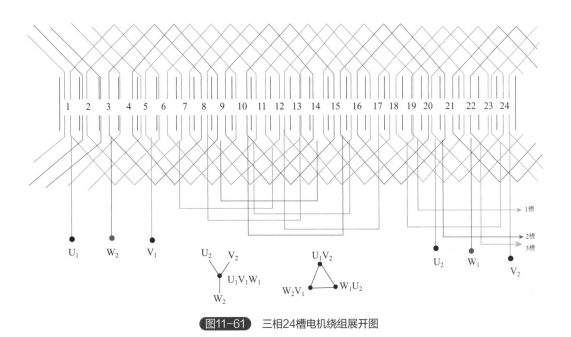

图11-61 三相24槽电机绕组展开图

三相电机双层绕组的展开图接线与嵌线步骤

图11-62 三相24槽电机绕组接线图

二、三相24槽电机双层电机绕组嵌线过程详解

三相 24 槽电机双层电机绕组嵌线过程见图 11-63 ～图 11-88。

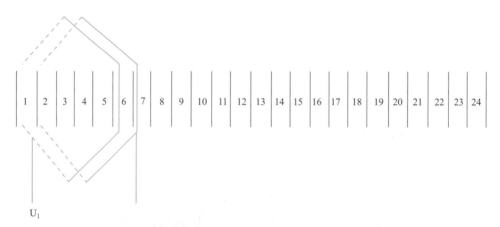

图11-63 嵌线过程-1（嵌6、7，空1、2）

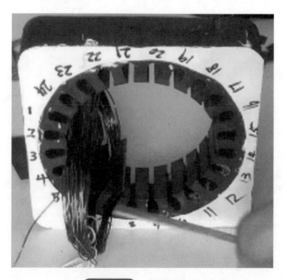

图11-64 嵌线过程-2

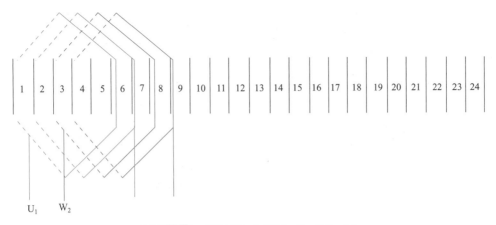

图11-65 嵌线过程-3（嵌8、9，空3、4）

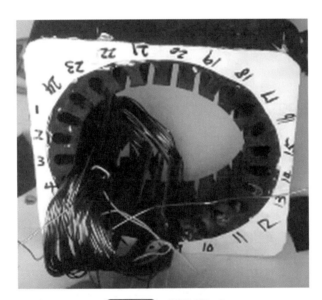

图11-66 嵌线过程-4

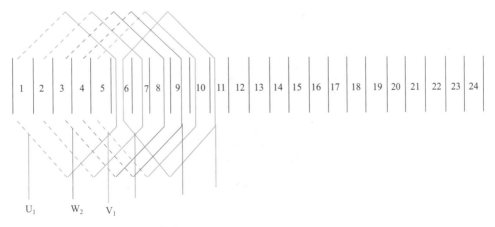

图11-67 嵌线过程-5（嵌10、11，空5，嵌6）

(a)   (b)

图11-68   嵌线过程-6

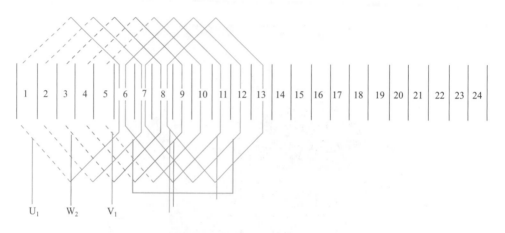

图11-69   嵌线过程-7（嵌12、13、7、8）

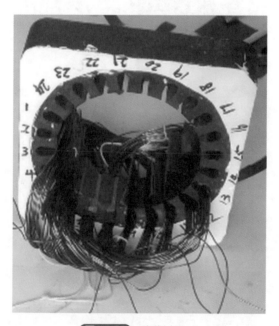

图11-70   嵌线过程-8

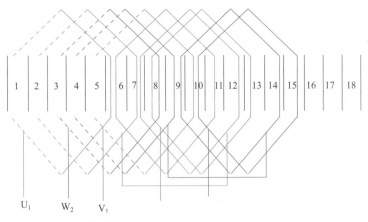

图11-71　嵌线过程-9（嵌14、15、9、10）

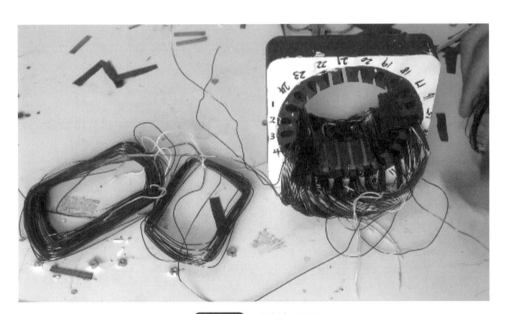

图11-72　嵌线过程-10

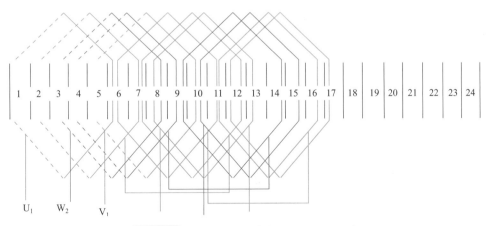

图11-73　嵌线过程-11（嵌16、17、11、12）

图11-74 嵌线过程-12

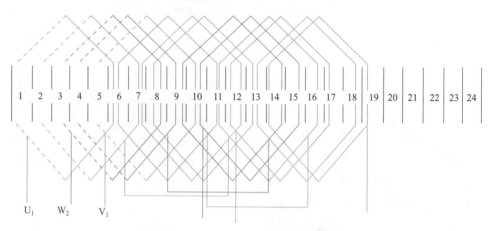

图11-75 嵌线过程-13（嵌18、19、13、14）

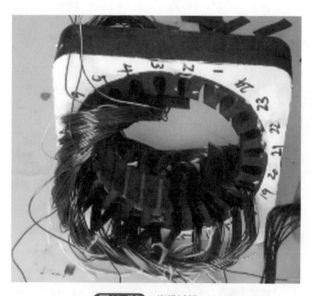

图11-76 嵌线过程-14

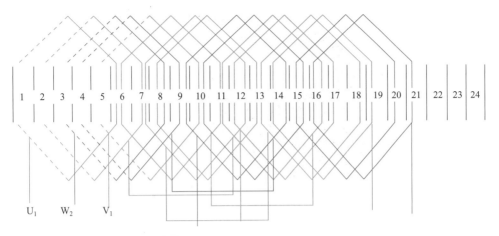

图11-77 嵌线过程-15（嵌20、21、15、16）

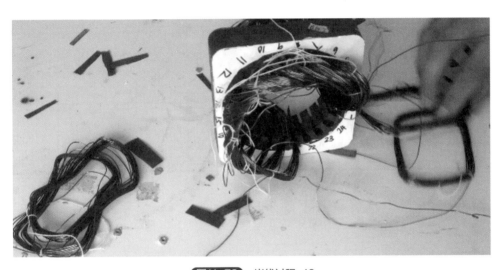

图11-78 嵌线过程-16

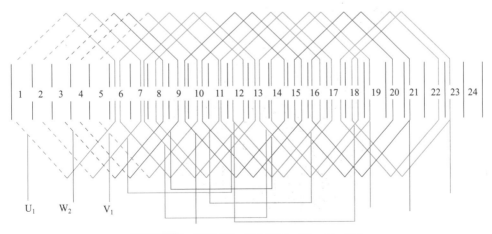

图11-79 嵌线过程-17（嵌22、23、17、18）

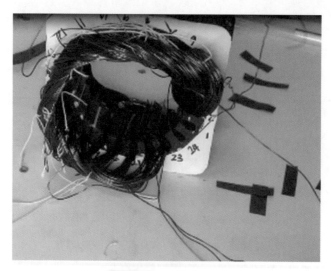

图11-80 嵌线过程-18

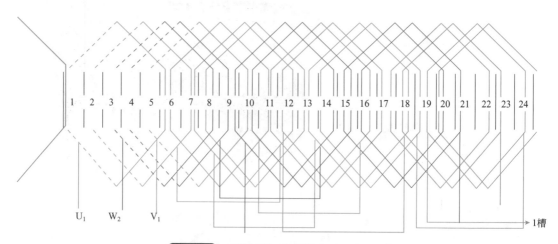

图11-81 嵌线过程-19（嵌24、1、19、20）

U₁ W₂ V₁ 1槽

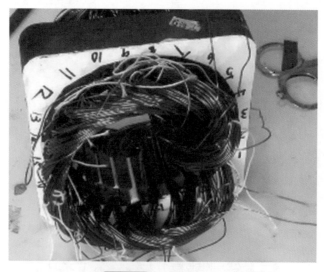

图11-82 嵌线过程-20

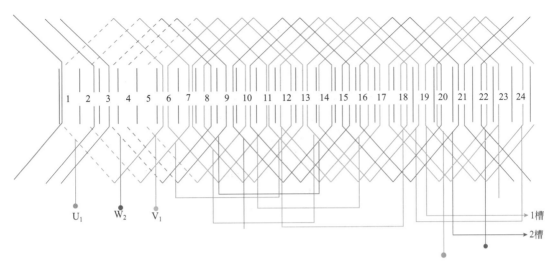

图11-83 嵌线过程-21（嵌2、3、21、22）

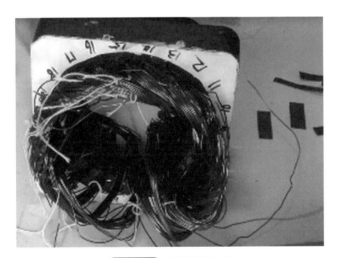

图11-84 嵌线过程-22

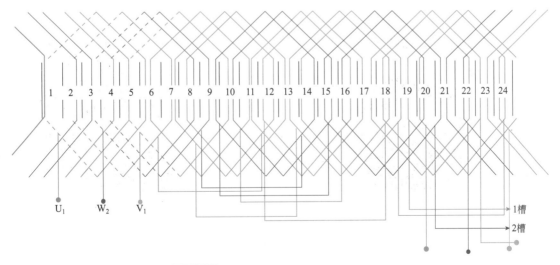

图11-85 嵌线过程-23（嵌4、5、23、24）

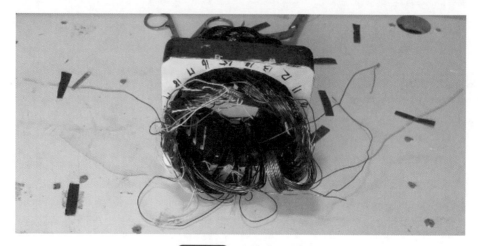

图11-86　嵌线过程-24

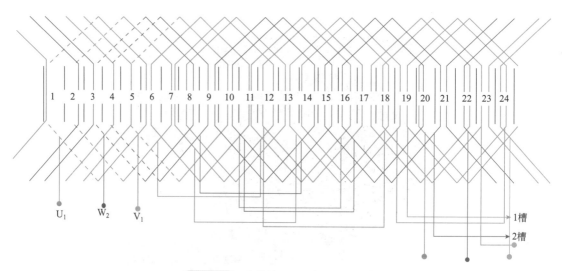

图11-87　嵌线过程-25（嵌1、2、5）

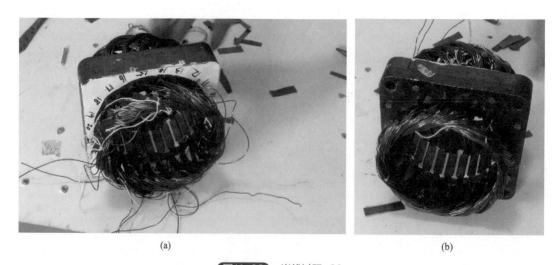

(a)　　　　　　　　　　　　　(b)

图11-88　嵌线过程-26

电动车电机拆卸维修与嵌线（分数槽嵌线）图解

一、电动车电机拆卸过程

电动车电机拆卸过程，见图 11-89 ～图 11-101。

图11-89 拆卸-1

图11-90 拆卸-2（拆下紧固螺钉）

图11-91 拆卸-3（用手锤撬开端盖）

图11-92 拆卸-4（压出转子）

注意 ▶▶

　　由于无刷直流电机有强磁场，用手锤撬开端盖后，应用压力器或用手直接按压（大功率电机需用压力器），直到定子转子分离。另需注意在分离定转子时小心操作，防止强磁吸合夹伤手。

图11-93 拆卸-5（取出转子）

图11-94 拆卸-6

图11-95 拆卸-7

图11-96 拆卸-8（拆卸后的定子、转子）

图11-97 拆卸-9

图11-98 拆卸-10（拆卸另一侧端盖）

图11-99 拆卸-11

图11-100 拆卸-12

图11-101 拆卸-13

二、电机定子线圈拆卸槽清理过程

电机定子线圈拆卸槽清理过程，见图 11-102 ～图 11-106。

图11-102 清理-1

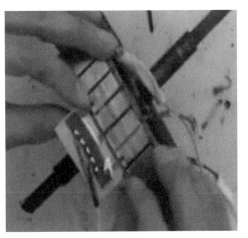

图11-103 清理-2

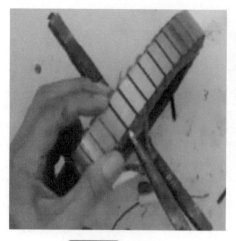

图11-104 清理-3

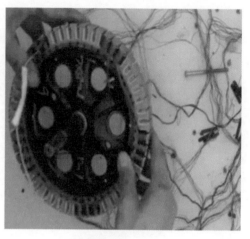

图11-105 清理-4

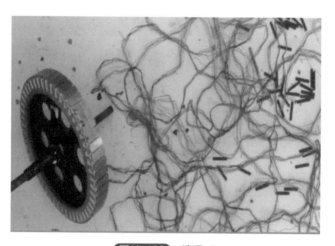

图11-106 清理-5

三、定子绕组的绝缘及绕组制备

定子绕组的绝缘及绕组制备，见图 11-107 ～图 11-110。

图11-107 绕组绝缘及制备-1

图11-108 绕组绝缘及制备-2

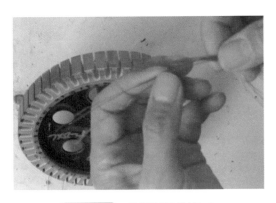

图11-109 绕组绝缘及制备-3

图11-110 绕组绝缘及制备-4

四、绕组展开图与线圈的绕制镶嵌

1. 线圈的排布方式及绕组展开图

线圈排布及绕组展开，见图 11-111 和图 11-112。

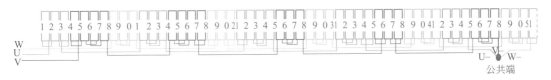

图11-111 绕组展开图

图11-112 线圈排布

2. 第一相绕组嵌线过程

第一相绕组嵌线过程，见图 11-113～图 11-120。

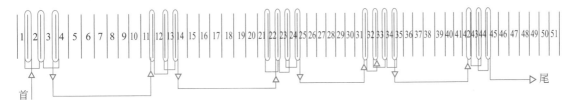

图11-113 第一组绕组展开图

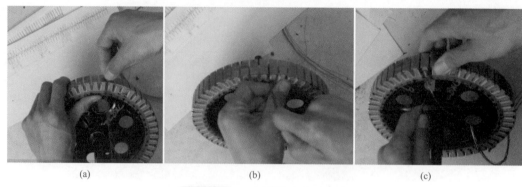

(a)　　　　　　　　　　(b)　　　　　　　　　　(c)

图11-114　1、2 槽的线圈开始绕制

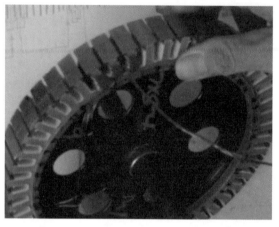

图11-115　第一相第一组1、2、3、4槽的线圈绕制

图11-116　第一相第二组11、12、13、14
槽的线圈绕制

图11-117　第一相第三组21、22、23、24、25
槽的线圈绕制

图11-118　第一相第四组 31、32、33、34、35槽的
线圈绕制

图11-119 第一相第五组42、43、44、45槽的线圈绕制

图11-120 第一相绕制好的定子绕组

3. 第二相绕组的嵌线过程

第二相绕组嵌线过程，见图11-121～图11-128。

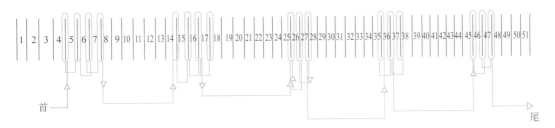

图11-121 第二相绕组展开图

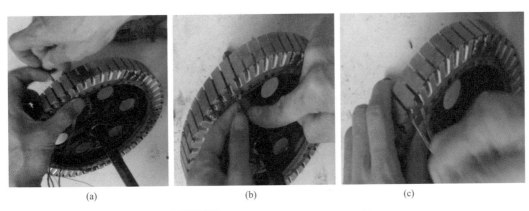

(a)   (b)   (c)

图11-122 第二相第一组4、5槽开始绕制

图11-123 第二相第一组4、5、6、7、8槽的线圈绕制

图11-124 第二相第二组14、15、16、17、18槽的线圈绕制

图11-125 第二相第三组25、26、27、28槽的线圈绕制

图11-126 第二相第四组 35、36、37、38槽的线圈绕制

图11-127 第二相第五组45、46、47、48槽的线圈绕制

图11-128 第二相绕制好的定子绕组

4. 第三相绕组的嵌线过程

第三相绕组的嵌线过程见图 11-129～图 11-136。

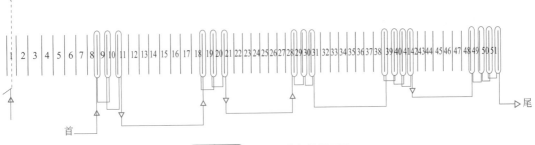

图11-129 第三相绕组的展开图

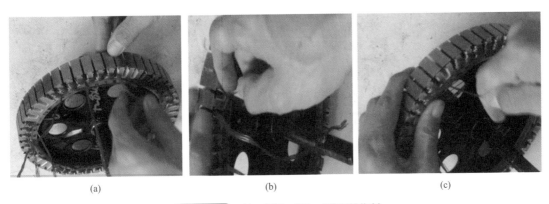

(a)   (b)   (c)

图11-130 第三相第一组8、9槽开始绕制

图11-131 第三相第一组8、9、10、11槽的线圈绕制

图11-132 第三相第二组 18、19、20、21槽的
线圈绕制

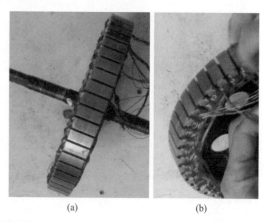

(a) (b)

图11-133 第三相第三组28、29、30、31
槽的线圈绕制

图11-134 第三相第四组38、39、40、41、42槽的线圈绕制

图11-135 第三相第五组48、49、50、51、1槽的线圈绕制

图11-136 第三相绕制好的所有定子绕组

五、引线连接霍尔感应元件的安装

引线连接霍尔感应元件的安装，见图 11-137～图 11-145。

注意 ▶▶

霍尔元件安装时应按原位置装好，在使用霍尔元件时有 60°、120°、180°、240° 电机。电角度不同配接的驱动器不同，因此驱动器与电机应配对使用。否则会烧坏霍尔元件或烧坏驱动器，或不能转动、转动慢无力。

图11-137 安装-1

图11-138 安装-2

图11-139 安装-3

图11-140 安装-4

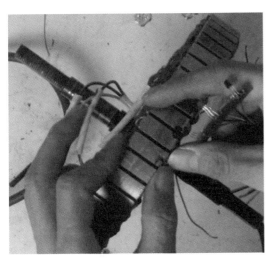

图11-141 安装-5

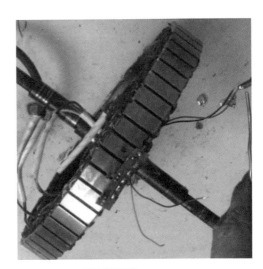

图11-142 安装-6

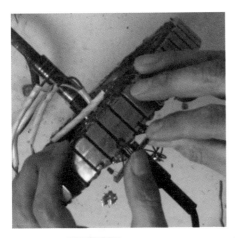

图11-143 安装-7

图11-144 安装-8

图11-145 安装-9

注：当霍尔元件松动时，应用结
构胶固定，防止运转中脱落。

六、电动车电机的组装全过程

电动车电机的组装全过程，见图11-146 ~ 图11-153。

图11-146 组装-1（线序不能装错）

图11-147 组装-2

图11-148 组装-3（将转子安装入定子中）

图11-149 组装-4

注：将转子装入定子中时，由于有强大磁力，应缓慢操作，并小心磁吸力过大夹手。

图11-150 组装-5

图11-151 组装-6（应对角用手锤振动）

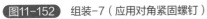

图11-152 组装-7（应用对角紧固螺钉）

图11-153 组装-8

附录

附表一　电动机产品代号

电动机代号	代号汉字意义	电动机代号	代号汉字意义
Y	异	YQ	异启
YR	异绕	YH	异（滑）
YK	异（快）	YD	异多
YRK	异绕（快）	YL	异立
YRL	异绕立	YEP	异（制）傍

附表二　电动机规格代号

产品名称	产品型号构成部分及其内容
小型异步电动机	中心高（mm）—机座长度（字母代号）—铁芯长度（数字代号）—极数
大中型异步电动机	中心高（m）—铁芯长度（数字代号）—极数
小型同步电动机	中心高（mm）—机座长度（字母代号）—铁芯长度（数字代号）—极数
大中型同步电动机	中心高（m）—铁芯长度（数字代号）—极数
交流换向器电动机	中心高或机壳外径（mm）（或/）铁芯长度、转速（均用数字代号）

附表三　电动机特殊环境代号

汉字意义	汉语拼音代号	汉字意义	汉语拼音代号
"热"带用	T	"船"（海）用	H
"湿热"带用	TH	化工防"腐"用	F
"干热"带用	TA	户"外"用	W
"高"原用	G		

附表四　三相异步电动机的效率和功率因数

极数	参数	10kW 及以下	> 10 ～ 30kW	> 30 ～ 100kW
2 极	效率 η/%	76 ～ 86	87 ～ 89	90 ～ 92
	功率因数 $\cos\phi$	0.85 ～ 0.88	0.88 ～ 0.90	0.91 ～ 0.92
4 极	效率 η/%	75 ～ 86	86 ～ 89	90 ～ 92
	功率因数 $\cos\phi$	0.76 ～ 0.78	0.87 ～ 0.88	0.88 ～ 0.90
6 极	效率 η/%	70 ～ 85	86 ～ 89	90 ～ 92
	功率因数 $\cos\phi$	0.68 ～ 0.80	0.81 ～ 0.85	0.86 ～ 0.89

附表五　绝缘等级与最高允许温度的关系

绝缘等级	A 级	E 级	B 级	F 级	H 级
绝缘材料最高允许温度 /℃	105	120	130	155	180
电机的允许温升 /℃	60	75	80	100	125

附表六　常用圆铜线规格表

导线直径 /mm	带速导线直径 /mm	导线截面积 /mm²	导线直径 /mm	带速导线直径 /mm	导线截面积 /mm²
0.06	0.09	0.00283	0.67	0.75	0.353
0.07	0.10	0.00385	0.69	0.77	0.374
0.08	0.11	0.00503	0.72	0.80	0.407
0.09	0.12	0.00636	0.74	0.83	0.430
0.10	0.13	0.00785	0.77	0.86	0.466
0.11	0.14	0.00950	0.80	0.89	0.503
0.12	0.15	0.01131	0.83	0.92	0.541
0.13	0.16	0.0133	0.83	0.95	0.561
0.14	0.17	0.0154	0.90	0.99	0.606
0.15	0.18	0.01767	0.93	1.02	0.670
0.16	0.19	0.0201	0.96	1.05	0.724
0.17	0.20	0.0277	1.00	1.11	0.785
0.18	0.21	0.0275	1.04	1.15	0.840
0.19	0.22	0.0284	1.08	1.10	0.916
0.20	0.23	0.0314	1.12	1.23	0.985
0.21	0.24	0.0346	1.16	1.27	1.057
0.23	0.25	0.0415	1.20	1.31	1.131
0.25	0.23	0.0491	1.25	1.36	1.227
0.27	0.30	0.0573	1.30	1.41	1.327
0.29	0.32	0.0661	1.35	1.46	1.431
0.31	0.34	0.0775	1.40	1.51	1.539
0.33	0.36	0.855	1.45	1.56	1.651
0.35	0.41	0.0962	1.50	1.61	1.767
0.38	0.44	0.1134	1.56	1.67	1.911
0.41	0.47	0.1320	1.62	1.73	2.06
0.44	0.50	0.1521	1.68	1.79	2.22
0.47	0.53	0.1735	1.74	1.85	2.38
0.49	0.55	0.1886	1.81	1.93	2.57
0.51	0.58	0.204	1.88	2.00	2.78
0.53	0.60	0.221	1.95	2.07	2.99
0.55	0.62	0.238	2.02	2.14	3.20
0.57	0.64	0.256	2.10	2.23	3.46
0.59	0.66	0.273	2.26	2.39	4.01
0.62	0.69	0.302	2.44	2.57	4.68
0.64	0.72	0.322			

附表七　中小型电动机铜线电流密度容许值				单位：A/mm²
形式	2 极	4 极	6 极	8 极
封闭式	4.0 ～ 4.5	4.5 ～ 5.5		4.0 ～ 5.0
开启式	5.0 ～ 6.0	5.5 ～ 6.5		5.0 ～ 6.0

注：1. 表中数据适用于系列产品，对早年及非系列产品应酌情减低 10% ～ 15%。

2. 一般小容量的电动机取其较大值，较大容量的电动机取其较小值。

附表八　小型异步电动机定子绕组电磁计算的参考数据					
数值名称	符号	单位	定子铁芯外径		
			150 ～ 250mm	200 ～ 350mm	350 ～ 750mm
气隙磁通密度	B_g	Gs	6000 ～ 7000	6500 ～ 7500	7000 ～ 8000
轭磁通密度	B_a	Gs	11000 ～ 15000	12000 ～ 15000	13000 ～ 15000
齿磁通密度	B_z	Gs	13000 ～ 16000	14000 ～ 17000	15000 ～ 18000
A 级绝缘防护式电动机定子绕组的电流密度	j_1	A/mm²	5 ～ 6	5 ～ 5.6	5 ～ 5.6
A 级绝缘封闭式电动机定子绕组的电流密度	j_1	A/mm²	4.8 ～ 5.5	4.2 ～ 5.2	3.7 ～ 4.2
线负载	AS	A/cm	150 ～ 250	200 ～ 350	350 ～ 400

参 考 文 献

[1] 钟汉如 . 注塑机控制系统 . 北京：化学工业出版社，2004.

[2] 李忠文 . 实用电机控制电路 . 北京：化学工业出版社，2003.

[3] 刘光源 . 实用维修电工手册（第三版）. 上海：上海科学技术出版社，2010.

[4] 张伯虎 . 机床电气识图 200 例 . 北京：中国电力出版社，2012.

[5] 王鉴光 . 电机控制系统 . 北京：机械工业出版社，1994.

[6] 曹振华 . 实用电工技术基础教程 . 北京：国防工业出版社，2008.

[7] 曹祥 . 工业维修电工通用教材 . 北京：电力出版社，2008.

[8] 芮静康 . 实用机床电路图集 . 北京：中国水利水电出版社，2000.

[9] 曹祥，张校铭 . 电动机原理、维修与控制电路 . 北京：电子工业出版社，2010.

[10] 杨杨 . 电动机维修技术 . 北京：国防工业出版社，2012.

[11] 赵清 . 电动机 . 北京：人民邮电出版社，1988.

视频教学—电动机控制电路识图与检修

指针万用表的使用

数字万用表的使用

钳形电流表的使用

电动机直接启动线路

电动机自锁控制与故障

星角降压启动线路

正反转控制线路

能耗控制线路

电机变频控制线路

热继电器保护线路

步进电机的检测

伺服电机拆装与测量技术

单相电机绕组好坏判断

电动机绕组重绕计算

电机拆线视频详解

电机接线捆扎

电机浸漆

电机绕组嵌线全过程

三相电机拆装操作

三相电机拆装操作分步详解

三相电机单层展开图与接线嵌线

三相电机绕组好坏判断

无刷直流电动机的拆卸

无刷直流电动机的接线

无刷直流电动机的绝缘和绕组制备

无刷直流电动机的组装

无刷直流电动机第二相绕组展开图

无刷直流电动机第三相绕组展开图

无刷直流电动机第一相绕组展开图

线圈绕制及工具使用、绝缘、辅助材料的制备